读创
creadion
阅读创造生活

多少姑娘，喜欢用包容的名义做纵容的事情，
喜欢以爱情的名义掩饰不忍割舍的愚痴。
说到底，是不肯好好改造自己，
不肯把生活切入正轨。
远离渣男，就是对渣男最好的改造，
也是对自己最好的改造。

目 录
CONTENTS

引 言
一场冒险

　　摆脱和心理变态的恶情人之间的纠缠，无疑会是一场人生中的大冒险，它会开拓你对一些事物的眼界：比如人类的天性、我们这个日渐崩坏的社会，或许还有最重要的——你自己的心灵。这必定是一段阴暗的旅程，一路上你总会受一些恼人的魔咒困扰，比如抑郁、狂怒和孤单。它会揭露你内心深处潜藏的不安，让你的每一次呼吸都被挥之不去的空虚感萦绕。

　　但是你要记住，这段旅程会治愈你，最终你会强大得超乎自己的想象，你会明白自己注定要成为什么样的人，并为曾经走过这段曲折的路而感到庆幸。一般来说，我这样讲，别人是不会相信的——至少一开始不信，但是我向你保证，这段旅程绝对值得一走，它会让你的生活发生永久的改变。

　　所以到底什么样的人才是心理变态呢？什么样的人是自恋狂或者反社会人格？他们都是控制欲极强并且毫无同情心的人，他们会不带任何责任感与负罪感地蓄意伤害他人。虽然这几种心理异常之间互有差别，但是在和他们的交往中，到最后都会呈现出一种极其固定的循环模式：先是理想化，再贬低，最终狠心抛弃。

几年以前，这种循环模式曾经让我感觉自己这辈子都不可能再幸福了。那段恋情几乎抹杀了我全部的自我意识，它没有让我变得快乐或充满信任，而是把我变成了一个自己都认不出来的可怜虫，饱受焦虑与不安全感的困扰。

可是我现在的生活就要有趣得多啦——哪怕只是穿着泳衣到处乱逛或者吃吃比萨什么的。而这都要归功于一次幸运的谷歌搜索，它让我了解了心理变态的存在，并认识了一群挽救了我生命的朋友，我们一起组建了一个小小的在线疗伤互助社团，而如今它每个月都能帮助数以百万计的"幸存者"。

在我们的psychopathfree.com论坛上，每天都会有新成员加入，每个人都带着看似无路可逃的绝望，还有似曾相识的悲惨故事；每个人都心碎又迷茫，不知道自己还能不能再找到幸福。

而就在短短一年之后，那个悲伤的人就彻底改头换面了。取而代之的是一个美丽的陌生人，他会挺身而出，帮助他人走出阴影；会因为自身的美好品质——诸如同情心、悲悯与善良之类而自豪；会勇敢地表达自尊与个人空间的边界意识；会通过自省来战胜内心中蛰伏的恶魔。

那么这一年中都发生了些什么呢？

当然是许许多多美好的事情啦——多到我不得不为此来专门写一本书。我可能——或者说肯定——是有点粉丝心态作祟，因为我觉得psychopathfree.com的疗伤互助过程是最酷的。我们相信教育、开诚布公的对话、事实验证与自我探索。我们的用户群独特而又鼓舞人心，拥有极强的适应能力，并充满了真诚的友谊。

对，友谊真的很重要。因为与心理变态纠缠的这段旅途虽然私人化却也多少拥有一些普遍性。不管那是一场龙卷风一般来得快去得更快的恋情、一位腹黑心机的同事、一位有虐待狂倾向的家庭成员，还是一桩令人身心俱疲的风流韵事，一段和心理变态共处的关系到最后总是相似的：你的思绪会变得纷乱不清，你会感觉自己毫无价值，你会对那些曾经给你带来快乐的事物麻木不仁。

我无法为你修复一段恶劣的情感关系（因为那些卑鄙无耻的人是无法改变的），但是我能帮助你重新开始，并向你保证你最终会重新快乐起来，你会学着相信你自己的直觉，并携带着幸存者的智慧与"梦想家"温柔的奇迹在这个残酷的世界上继续勇敢前行。

但是首先你要学着遗忘那些你以为自己了解的人性，因为理解心理变态需要你暂时放下最基本的情感本能。你要记住，那是一些如猛兽般掠食宽仁之心的人，你的包容只会助长他们的恶行，他们会把他人的同理心操控、玩弄于股掌之间，并压榨你的同情心为己所用。心理变态们从最开始就是主动向他人宣战的，他们会以羞辱那些善良而毫无戒心的受害者为乐——那些从来没有要求这一切发生的人，那些直到结束才意识到这场战争发生过的人。

但这一切都将发生改变。

所以就让我们与那些三角关系、言辞闪烁的信、自我怀疑和人为造成的焦虑挥手作别吧。你再也不用绝望地等待爱人一条迟迟不回的短信；再也不用因为害怕失去一段"完美"的关系而约束自己的心灵；再也不用在分析一些亟须分析的事情时被骂"想太多"。你再也不是心理变态的棋局中一枚无关紧要的小卒，你是自由的。

而现在，你的大冒险即将从本书启程。

爱你的杰克森

PART 1

如何识别具有"毒型人格"的恶情人

PHYCHOPATH FREE

敏锐的直觉是你对付控制狂最有效的防御。
这是一项用之不竭的技能，
一旦掌握，受益终生。

三十面示警小红旗

关于心理变态的典型行为特征，有许多杰出的研究成果。对学术研究有兴趣的读者不妨找找哈维·米尔顿·克莱克利博士的《心理变态鉴定标准》或者罗伯特·D.哈尔博士的《心理变态症状备忘录》（详见参考书目）。至于我们在这本书里所说的小红旗，则可以看作对这些专业资料的补充。

所以下面列这个清单又有什么特别的呢？好吧，首先，它主要是和情感关系有关的，而且它也主要和亲爱的读者你有关：理解以下列举的每一点都需要你的自我意识与自省精神。因为如果你想要发现具有"毒型人格"的恶情人，就不能把所有关注都只放在他们的行为本身上——这不过是这场战役的前半程。你也得学会注意到自己心中升起的预警信号，这样你才算做好了充分的准备。

1. 他们会无限放大你的缺点，并让你看起来像不正常的那个。

他们会公然否认自己各种控制狂的行为，并且对你拿来与其对质的证据视而不见。一旦你试图用事实揭露他们的伪装，他们就会突然拿出一副轻蔑的姿态在你身上挑起刺来。到最后，你往往会发现错都变成了你的，是你表现得"太敏感"，是你在"发神经地疑神疑鬼"，而他们自己的错就这么被敷衍过去了。这种有毒的人会让你相信，你们之间的问题并不是他们对你的虐待本身，而是你对这种虐待做出的反应。

2. 他们不会跟任何人换位思考。

你会发现自己总得近乎绝望地向他们解释，如果把他们对待你的方式用在他们自己身上，他们可能会是什么感觉。而他们唯一的反应只是面无表情地盯着你。你会逐渐放弃跟他们沟通你的想法，因为他们不是表示这样很烦，就是干脆不理你。

3. 他们都是些彻头彻尾的伪君子。

"照我说的做，别照着我的样子学。"他们对忠诚、尊敬和仰慕有着很高的需求。但是在对这段关系的理想化过程结束之后，他们对你的这些付出不会做出任何回报。不管他们怎么欺骗、撒谎、对你挑三拣四乃至于直接操纵你，你都得在他们面前保持完美，否则你就会被视作"不稳定"，并且马上被替换掉。

4. 他们会不受控制地撒谎和给自己找借口。

他们什么事情都能找到借口，哪怕是那些实际上不需要借口的事。他们的瞎话编得永远比你问得快。他们总是会指责别人——反正错不可能是他们的。他们会把更多时间花在解释自己的行为是如何合理上，而不会做出实际的改进。哪怕谎言当场被撞破，他们也不会表现出一丝一毫的后悔或是羞耻。有时候看起来简直像他们刻意让你把他们抓个正着。

5. 只关注你的错误，并且无视他们自己的。

如果他们迟到了两个小时，被提起来的反而是你在第一次约会时迟到了五分钟。如果你当面指出他们哪里做得不对，他们马上会掉转话锋来挑你的毛病。而你很有可能会开始慢慢接受这种过分追求完美的价值观，总是得小心翼翼地回避一切日后会被拿来针对你的错误。

6. 你会发现自己不得不对一个健全的成年男（女）人解释人与人之间最基本的尊重。

正常人都理解交往中最基本的要素，比如诚实与和善。心理变态在这方面往往看起来既孩子气又很傻很天真，但是千万不要被他们的这副面孔给骗了。成年人就不应该需要别人来告诉他给别人造

成了怎样的感受。

7. 他们往往都极其自私，并且对他人的关注有着病态的渴求。

他们会耗尽你的精力，占据你生活的全部，而他们对仰慕的需求似乎永远无法满足。你也许曾经以为自己是唯一一个能给他们幸福、取悦他们的人，而到了现在这个地步，你会发现大概只要是个会喘气的就行。无论如何，没人能真正填满心理变态的恶情人内心的空虚。

8. 他们会激起你的极端情绪，然后反过来指责你。

在社交媒体这种所有人都看得见的地方高调和前任勾搭一通之后，他们往往会回过头来说你嫉妒心太强。他们可能会刻意好几天不理你，然后却说那是因为你缠得他们喘不过气。你所有被他们的行为激发的情绪，都会被他们用来从下一个目标那里博取同情，用来证明你变得多么歇斯底里。你可能一直觉得自己是个非常随和的人，但是和心理变态的纠葛往往会（暂时地）让你对自己的印象发生一百八十度大转变。

9. 你会逐渐发现自己这恋爱谈得像侦探破案一样。

这在其他的关系里一般来说都属于不可能发生的情况：你突然

就开始试图深入调查那个你曾经无条件信任的人了。如果他们常用脸谱（Facebook），你可能会翻遍最近几年以来他们所有的状态和相册，还包括他们前任的。你在为你自己都解释不清楚的疑虑徒劳地寻找解答。

10. 你会是唯一见识到他们真面目的人。

不管他们做过什么，似乎总有个亲友团在为他们加油助威。心理变态者会利用所谓"亲友团"的金钱、资源以及注意力——然而这些人对此毫无察觉，因为只需要一点点浅薄的赞美就可以让这位恶情人成功地在亲友团面前掩盖这个真相。他们那些流于表面的友情，维持得往往远比恋情长久。

11. 你会开始担心你们的任何一次争执都可能变成最后一次。

正常的情侣争吵都是为了解决问题，但是心理变态的恶情人总是会明确表示任何消极的对话都有可能关乎这段感情的存亡，特别是那些批评他们行为的。你所有试图让你们之间的沟通变得有效一些的尝试，最终都会受到沉默的冷处理。这种时候你就必须马上表示道歉和谅解，因为你知道如果不这样做，他们就会失去对你的兴趣。

12. 他们会缓慢而确凿地逐渐侵蚀你的底线与边界。

他们会用居高临下、开玩笑一般的姿态批评你，并对你的自我表达报以冷笑，戏弄逐渐变成了你们之间最基本的交流方式。他们会巧妙地贬低你的智慧与能力，而如果你把这一点挑明，他们就会说你太敏感、太神经质。你可能会因此感到愤怒或者难过，但是为了维持你们之间的和平，最终你往往会选择把这些情绪压下去。

13. 他们永远不会给你足够的关注，并借此缓慢地瓦解你的自尊心。

一旦通过不断地抛撒关心与爱慕把你骗到手之后，他们几乎立刻就表现出来对你的不耐烦。他们会以沉默待你，并对你想要重新找回他们亲手营造的那段激情的愿望直白地表示厌烦。你会开始感觉自己成了他们的负担与拖累。

14. 他们不主动和你沟通，反而期待你像能读心一样准确猜出他们在想什么。

如果他们几天没联系你，那肯定是由于你居然不知道他们这几天里的安排，哪怕这些安排他们从来没告诉过你。不管发生了什么，他们总能找到让自己变成受害者的借口。至于关于这段关系的重要决定，他们告诉了其他所有人都不会告诉你。

15. 在这样一个人身边，你总是会感到紧张、不安，但是你依

然希望他们能喜欢你。

你会发现自己把他们的种种不恰当的行为都解读为无心之举或是感情迟钝所致，因为你一直在和他人争夺他们的关注与赞美。如果你离开了他们，他们似乎根本不会在意——因为他们总能轻易找到像你一样的能量来源。

16. 你会发现他们过去遇到的所谓"神经病"多得简直不太正常。

所有不卑躬屈膝地倒贴回来的前任或者昔日友人，都会被他们贴上嫉妒、人格分裂、酗酒发疯等花样百出的恶劣标签。而有一点是确信无疑的：他们一定会对下一个目标如此谈论你。

17. 他们会一边装无辜，一边激发你的嫉妒心和敌意。

他们曾经把全部的注意力都放在你身上，因此当他们逐渐关注别人时，你会感觉异常困惑，因为这种时候他们往往会做一些让你怀疑他们心里到底有没有你的事情。比如，如果他们常用社交媒体，他们会刻意用一些满含回忆的老歌、照片乃至于笑话把那些曾经被他们贬得一钱不值的前任引出来，并且一边无视你的动态，一边对这些被你视为竞争对手的人大为关注。

18. 他们会在一开始把你捧上天，用爱轰炸你，把你理想化到极致。

你们初次见面就进展神速。他们会告诉你你们有多少共同点，以至于你们简直就是天造地设的一对。他们就像变色龙一样，按照你的愿望、梦想与不安全感来改变自己呈现在你面前的样子，从而迅速地取得你激动之下建立的信任。最开始他们往往会主动和你沟通，并对你的方方面面都表示着迷。如果你有脸谱，他们可能会用歌曲、情话、诗歌和只有你们能懂的笑话在你的主页上刷屏。

19. 他们会拿你和他们生活中的所有人做对比。

不管是前任、朋友、家人还是可能替代你的备胎，他们都会拿来和你比较一番。当他们还在捧着你的时候，他们会不断告诉你，你是如何比这帮人都要好，从而让你觉得自己对他们来说独一无二。而当他们开始贬低你的价值时，这些比较会反过来让你感觉既自卑又妒忌。

20. 你身上那些他们曾经说喜欢的品质，往往瞬间就变成了不能容忍的错误。

在你们的关系刚开始的时候，他们会恭维你藏得最深的那些虚妄与脆弱，通过观察和模仿给出你最想听到的反馈。而一旦你上了他们的钩，这些事情马上就会被他们用作针对你的武器。那个人曾经红口白牙地说你是完美的，现在你却不得不卑微地向他们证明你并非一钱不值。

21. 你会观察到他们那张完美的面具上偶然出现的裂缝。

有那么几个瞬间，你会看到之前那个迷人、可爱并且纯真无辜的人格被一些完全不同的东西所取代。你会看到他们在把你理想化的阶段里绝对不会展现出来的一面：冷酷、不知体谅、控制欲强烈。你开始注意到他们的各个人格似乎无法相互契合，你最初爱上的那个人似乎根本就不存在。

22. 他们总是很容易感到厌倦。

他们总是需要有人绕着他们转，给他们鼓舞与赞扬，并且无法忍受独处太久。对于任何不能直接给他们带来积极影响或者刺激的事物，他们都会很快失去兴趣。他们这个样子一开始可能会让你以为他们是令人兴奋、有趣且思维开阔的人，并因为自己更喜欢熟悉而持久的东西而感觉有点自卑。

23. 三角关系。

他们身边总是围绕着前任恋人、恋人预备役以及其他会给他们额外关注的人，其中甚至包括那些他们曾经在你面前大肆贬低并用来衬托你有多好的人。这会让你感到很困惑，并且产生"这位恋人非常抢手"的判断。

24. 隐蔽的虐待行为。

从很小的时候开始，我们就学会了如何分辨什么行为属于肢体上的虐待，以及什么言论属于口头上的冒犯。但是在心理变态者那里，这些虐待就不会表现得这么明显了，你很有可能直到这段关系结束都不会意识到自己一直在遭受虐待。通过为你量身定制的理想化的迷惑和对你自身价值的隐秘的贬低，一个心理变态者可以非常有效地侵蚀任何被其选为目标的人的个性意识。在外人看来，你简直是完全崩溃、一败涂地，那个心理变态的恶情人则可以毫发无伤地淡定离场。

25. 他们会通过悲惨的故事换取怜惜，并把它化为己用。

他们的恶性总会有悲惨的背景故事作为根源。他们会说做出这种事都是源自某个虐待狂前任、虐待狂家长乃至于虐待狂宠物猫造成的伤害。他们会说自己只想要一点安宁和平静，他们会说自己最讨厌戏剧化的幺蛾子——然而发生在他们身边的各种戏剧化的幺蛾子比你见过的任何人都要多。

26. 胡萝卜加大棒的无限循环。

有时他们会把满腔热情都倾注在你身上，有时他们会对你挑三拣四，或者当你根本不存在。他们在公开场合和私下对待你的方式可能完全不同。他们可能今天跟你谈结婚，明天马上提分手。你永远搞不清楚自己到底在他们身边的什么位置上。就像我的好朋友莉迪亚说的："在维护关系的时候，他们能不出力就不出力，而一旦你想寻求解脱，他们又会马上拿出浑身解数来留住你。"

27. 这个人会成为你生活的全部。

你会在他们以及他们的朋友们身上耗费很多时间，以至于你都不怎么顾得上自己的亲友。他们就是你每天全部的所思所想，你放弃自己的事情，好让他们不管什么时候找你你都会有空。你取消自己的计划和打算，只为了焦灼地等他们主动打电话联系你。出于某些原因，为了维持这段关系，你会做出大量牺牲，而他们和什么都没做差不多。

28. 他们极其傲慢。

虽然最初他们会对你展现出一副谦逊可亲的面孔，你还是会随着时间的推移感受到他们身上那掩饰不住的优越感。他们对你说话时总拿出一副好像你智力不行或者情绪不稳定的高姿态。而当你们分手之后，他一旦找到了下一个目标就会厚颜无耻地在你面前大肆炫耀，生怕你看不到他离开你以后过得多幸福。

29. 背后说人坏话，具体的内容一会儿一变。

他们会在你心里一点点埋下恶毒的种子，关于任何人都有点流言蜚语对你讲。他们当面把人夸上天，背后暗暗传播不满。你会发现自己受他们的影响而讨厌一些你根本连面都没见过的人。出于某种原因，你甚至会因为他们只对你抱怨而感觉自己对他们来说终究是特别的。但只要你们的关系出现问题，他们马上会回到那些他们当着你的面骂过的人中间，并对他们抱怨你现在变得多么神经质。

30. 最重要的信号，来自于你内心的感受。

你源自本性的爱与同情心被转变成让人窒息的焦虑和恐慌，你平生从未说过那么多道歉的话，从未流过那么多眼泪。你难以入睡，就算勉强睡着，醒来时也会感到满心的焦虑和狂乱。你不知道那个曾经松弛、快活、随和的自己去了哪里。在和心理变态的恶情人纠缠过那么一段时间之后，你会感觉疯狂、疲惫、震惊、空虚，仿佛被耗尽了全部的能量。你的生活早已被扯得支离破碎——你花了许多钱，更断送了许多友谊，而你还在试图为这一切找到一些缘由。

爱上某个人，而不触发以上任何一面示警红旗，实际上是完全正常的。在结束了和心理变态的恶情人的关系之后，很多幸存者都会表现得过度警觉：到底还有谁是可以信任的呢？你的标准会有一段时间摇摆不定。你甚至会觉得自己已经彻底失去了理智——你很想信任一位老朋友或是一位新约会对象，但真的和他们一起打发时间时你又会生理性地感到恶心，因为你居然在期待着那些任意摆布你的行为重演。

只有你自己能把握建立直觉的节奏，但是我要告诉你这一点：这世界上还是好人多，你完全没有必要因为受过伤害而把自己隔离起来。花点时间与自己的情绪相处，不要放弃寻找警觉与信任的平衡点。试着去分析你与虐待过你的那位恶情人相处时的感受从何而来，再试着回忆回忆遇到他们之前你曾经有过的情绪，你会发现自己也许需要重新修复许多旧日的情感关系。当你逐渐开始抛弃恶情人留下的有毒的情感与思维模式时，更健康的新模式自然会应运而生。

引用一句我们的社区元老以及我的好朋友"凤凰"的结论：你会不再问自己"他们喜欢我吗"，而是开始问"我喜欢他们吗"。

什么才是正常的?

如果你的"灵魂伴侣"上一秒还对你很着迷,下一秒就表现出了厌倦,这是不正常的;如果某人一直频繁地出轨,反而指责你嫉妒心太强,这是不正常的;如果曾经恨不得一分钟来一条的短信现在需要你近乎绝望地等待,这是不正常的;如果你的恋人所有的前任都是"神经病"或者"爱他们爱得发疯",这也是不正常的。

心理变态者是寄生虫,他们在情感发展上有障碍,并且无法做出改变。一旦他们离开了你的生活,你才会发现一切都重新有了意义。他们带来的混乱逐渐散去,你的理智也会因而回归,所有事情都会重归正轨。

小心"秃鹫"

读到这里的你，一定已经踏出了从一段恶情缘中恢复的第一步。这说明你真的很棒！因为你接下来要做的不仅仅能让你从虐待中重获自由，还能让你重新建立自我——那个曾经被挫败、践踏，现在简直沦为空壳的自我。我知道，我们在这段旅程中揭露的一些真相可能有些难以面对，但它们最终会给你力量，它们会让你发现自己通过从这段经历中幸存经历了多少成长，让你意识到自己有多么强大。

所以在你开始这段旅程的时候，我强烈推荐你去寻求一个情感康复专家或者社群的帮助。你不仅需要他们的支持与帮助，他们的存在还能时时刻刻提醒你，你是在向着正确的方向努力。

在此我也想为刚刚开始疗伤的你额外提个醒：在刚刚结束了与心理变态的纠缠之后的那段时间里，你会比以往任何时候都要脆弱。在一点点复原的过程中，你不得不面对的不安、沮丧以及愤怒，都会显得几乎势不可当。你可能早就习惯了压抑自己的情感，把一切都默默留给自己承受，但是此时你应该试着走出去，去向那些真正能够理解你都经历过什么的人寻求帮助。

总而言之，公开面对自己的情绪固然重要，但是在这段你最脆弱的时间里，也存在着可能为你招致更多伤害的隐患。

我们都知道，幸存者像磁铁一样容易吸引更多病态的人。当你分享自己的故事时，你会倾向于对着最快到来并且看起来最富有同理心的那位倾诉——只要那个人表示自己理解你。但是问题就在于，这样的人未必真的打心里为你着想。

有些愿意听你讲好几个小时你的悲惨经历的人，实际上未必能够帮助你从情伤中恢复。他们很可能反而更像是一群秃鹫，时刻觊觎着你感情的残骸。

在最开始和你接触的时候，这些人往往显得和善又温暖：他们想让你重新好起来，想让你的问题消失，你的斗争让他们着迷。但是你早晚会发现这种人的存在是又一个噩梦。随着时间的推移，他们那些不请自来的"建议"变得源源不断，简直让你喘不过气来，你不但不能反驳他们，还总得满足他们对赞扬和注意力的需求。这样的人就像秃鹫一样，贪婪地吞食他人生活中的戏剧化事件，还期待他人对他们的这种热情表示感激。当你重新变得快乐起来时，他们很有可能反而对你挑起刺来，因为你取得的进步在他们看来是一种威胁：他们不能再控制你了。这种人希望你长期依赖他们，并且不想让你寻求他们之外的任何人的帮助。

不管这一类人到底是不是有点病态，这种有毒的垃圾都不是刚刚摆脱了恶情人的你需要的。

所以我其实非常不推荐幸存者们在恢复期的前几个月里寻求新的友谊或者恋情。你必须记住，这种时候的你再也不需要——也不想要——被人扯着谈论关于那个虐待过你的人的事了。如果你的确需要外界的帮助，请务必寻求专业的心理治疗或者康复社区的服务。那里的人们才真正能够了解你的经历，而且你会发现他们对你的帮助不求回报。

我理解你想要走出家门结识新朋友的愿望会很强烈。你渴望重塑自己的生活，渴望更为真诚、善良的友人的陪伴。

相信我，你会得到你渴望的这一切的。

但是真朋友不会表现得像你的心理治疗师一样，更不会总是对自己多么富有同情心自吹自擂，他们用来证明自己的不是言辞而是行动。

重新建立起健康的情感关系当然需要很长时间，因为这事关打破旧习惯、建立新的生活轨迹、重塑直觉，以及重新理解你对这个世界的需求到底是什么。

所以你要小心上文所说的那种"秃鹫"。在写作这个领域中，有一条颇具普适性的规则："能表现就不要叙述。"这条规则在与人相处时同样适用。如果你遇到了那种滔滔不绝地告诉你他们是谁、他们多想帮你、他们如何能解决你的问题的人，你最好先退一步，并且仔细观察一下他们到底在行动上落实了多少。某些控制欲强烈的人总是说个不停，实际上正是因为他们没什么可以用行动来表现的，他们虚伪的作为永远无法和他们信誓旦旦的言辞相匹配，这会让信任他们的人产生强烈的认知落差。

你总会找到那个真诚、谦和并且不会对你唠叨个没完的好人的，他们不会没完没了地试图告诉你他们是谁或者他们能为你做点什么，而是通过源源不断的爱与善意让你自己体会。你永远不需要怀疑他们，因为他们的动机是单纯的。而那些"秃鹫"只是依靠着希望被赞扬和仰慕的本能行事。在争论中，那些光说不练的人会没完没了地提醒你他们曾经对你多么好，哪怕实际上他们给你带来了伤害；那些用实际行动为你着想的人只会与你分享他们的观点，而不会试图把争论强扭到有利于他们的方向。在疗伤的过程中，你最好回避那些无时无刻不在告诉你他们有多么友好、慷慨、诚实、成功并且重要的人。那些敏于行而讷于言，通过每日的作为默默彰显优良品质的人才能给你真正的帮助。

恒定量

你现在大致了解了心理变态的基本特征，也知道了关系中应该注意的危险信号，所以真正的问题来了：和你纠缠不清的到底是不是真正的心理变态呢？

其实吧，如果没有什么确凿的科学依据，你的确无法确定某个人到底有没有问题。实际上我认为并不存在什么能百分之百准确地鉴定出一个心理变态者的方法。幸运的是，即使如此你也还有办法保护自己。而且这个办法不论何时何地都有效，它只需要你关注自己的内心，问一个永远不会苦于没有答案的问题。

这个问题就是："你今天感觉怎么样？"

我这可不是在开玩笑，而是非常认真地在向你提出这个问题。因为绝大多数人多半会随随便便说句"还行"糊弄过去，然后再完全不走心地说说比如上个周末干了啥、最近电视上播了啥、在单位又干了些啥这样没营养的话题。

但是正处在恢复期的你呢？你是不是正在经历着空虚和绝望？也许你每天都伴随着癌症般吞噬着你的心灵的痛苦醒来；也许你整天都在试着不去想那些让你难过的事情，思路却兜兜转转总是绕不开。那些快乐的回忆现在只会让你觉得恶心，你在抑郁和愤怒之间摇摆不定，因为你不知道哪一种情绪给你带来的痛感会轻一些。

这些才是我问的那个问题的答案。

如果以上是你在结束一场恋爱之后的感受，那么你的那位前任是心理变态、反社会人格、自恋狂还是普通的浑蛋这个问题还重要吗？不管怎么去定义他们，都不能证明你就应当被这些糟糕的感受困扰。你在恋爱结束之后的这些痛苦是客观存在的，不管你怎么定义或是描述它们的来源，它们都将继续存在。

而从这些感受中你得到了什么呢？那个人仿佛把你的生活连根拔起，让你体会到了前所未有的惶恐不安，让你在负面情绪的占据中度日如年。在你们的关系存续期间，你可能总是感觉混乱而紧张，并且时刻都在担心你的任何一个无心之失都可能是这段恋情的终点。你甚至可能还会近乎绝望地拿自己和他人做对比，徒劳地想找回那个人身边原本属于你的位置。

所以我得再问你一遍：那个人是不是科学定义层面上的心理变态这一点，真的重要吗？

你已经知道了需要知道的一切——告诉你这些的正是你内心的感

受。你在那个人身边感觉很糟糕，是不是？所以如果你正在和那个人恋爱，为什么这一点却不能让你下定决心走出来？

因为那时的你被那个人精心修饰的理想化表象迷惑，而且你在那种欺骗之下深陷于爱情——那可是人与人之间最强烈的情感联系——所以你的感受更容易为他人所操控。

具有"毒型人格"的恶情人会诱导我们忽视自己的直觉，而现在我们要做的就是学会重新相信它，去凭内在感受而非外在评判。当我们重新开始关注自己内心的感受时，我们的自愈过程也才真正开始。如果你和我多少还有点相似，我们可能都会认同一个简单的事实：好人会让你感觉很好，而坏人会让你感觉很糟糕。

如果我们能就这一点达成共识，其他事情也就都是顺理成章的了。

千万不要信什么"你的感受应该与外界环境无关"之类的鬼话，如果你一直是个对外界敞开心扉的人，想做到这一点就是绝对不可能的。生而为人类，能为他人带来美好的感受本来就是我们无与伦比的天赋，哪怕只是通过一句简单的话、一个手势甚至只是一个安静的微笑。正是这种天赋让我们的世界变得更美好。人们给这种天赋命名为"爱"。

但是你毕竟刚刚经历了一段虐待，曾经有人以这种天赋为武器给你带来伤痛。所以现在你肯定很想知道要如何回避这种人，好让自己不再受到这种伤害。你可能也会担心自己是不是变得过于警惕，以至于不愿意相信身边的任何人。你甚至还可能觉得，自己需要一点比直觉更强大的东西作为指引。

所以我要在这里向你介绍"恒定量"这个概念。你的"恒定量"不仅仅会在这本书陪伴你走过的旅途中保护你，甚至可以护佑你终生。

想想你爱的某个人，某个一直能带给你力量而从未让你失望的人。任何能满足这个条件的存在都可以——比如你的母亲、你的某个密友、你的孩子、某位已经过世的亲人，哪怕是你养的猫都行。如果你感觉生活中没有满足这个条件的人也不要失望，你完全可以设想出一位来。想象一种存在于你心中又高于你的力量——这种力量代表着你最为向往的那些品质：比如善良、慈悲以及同理心。它充满了明亮的色彩，为你的心灵带来平静，如同一个温柔的守护灵。好啦，这个想象中的存在就完全可以成为你的"恒定量"。

所以现在你拥有了自己的"恒定量"（不管其存在于现实还是想象之中），我得对你提几个问题。你的"恒定量"是否会让你感到紧张、狂乱，抑或是嫉妒？当他们对你说话时你的心会不会悬到嗓子眼？当你不在他们身边时，你是否需要花费好几个小时分析他们的行为，并且努力让自己别太胡思乱想？

不，这些事当然都不会发生。

所以这又是因为什么呢？为什么另外的某个人仅凭一己的轻蔑态度就足以让你怀疑生活中的一切呢？你的"恒定量"与那个让你感觉自己简直是垃圾的恶情人之间的区别在哪里呢？

如果你现在还无法对这些问题做出回答，那也不是什么大不了的事，这正是我们这段恢复之旅的有趣之处，你也不会独自面对这些困惑。你其实根本不需要完全理解为什么你喜欢待在某个人身边，现在你有了你的"恒定量"，这就足够了。重拾自尊是下一步的事。

哪怕你觉得自己身上简直承担了整个世界的重量，你的"恒定量"也会一直在那里，提醒你你还不曾陷入疯狂。随着时间的推移，你会慢慢过滤掉周围那些相处时让你感觉不舒服的人。你也会意识到，有引导你天性中最好的一面的"恒定量"存在，你不再需要强迫自己忍受那些消极因素。

一旦你逐渐适应了这种思路，我们就差不多可以谈谈另一个重要的问题了："难道我不是应该和我生活中的每个人相处时都能拥有这种心灵上的平静吗？"

答案是肯定的，所以让我们开始吧。

PART 2

捏造的"灵魂伴侣"

PHYCHOPATH FREE

心理变态的恶情人最阴险狡诈的手段，
莫过于他们在情感关系中构建的恶性循环。在这个过程中，
他们会愉快而系统地抹杀毫无防备的受害者的自尊与自我意识，
如同一场冷血而精心策划的情感强暴。

为受害者量身打造的诱导过程

　　心理变态会把你调教成他们想要的完美伴侣。只需要短短的几周时间，他们就能掌握你生活的全部，用欢愉消费你的身体、消磨你的意志，让你最终成为他们无休止地索取赞扬和仰慕的来源——但是要做到这一点，你首先得和他们坠入爱河才行，这样你才会对他们的一切要求都敞开心扉。在这个过程中，有三个最主要的步骤：理想化的吹捧，间接劝诱，突破底线之前的试水。

理想化的吹捧

　　在与心理变态纠缠的情感关系中，理想化的吹捧这一过程很有可能会是你之前从未体验过的。你会为那个在情感、精神以及肉体等层面都令你兴奋不已的人神魂颠倒，彻底迷失在他们为你展示出的热情似火的幻梦中。每天早晨醒来，你最先想起的便会是那个人，你的每一天都始于对他们热情而有趣的短信的期盼。很快你就会发现，自己已经开始为和那个人在一起的未来做起了计划——你甚至已经完全遗忘了生活中那些现实因素，因为相比之下它们显得那么无聊。除了那个你想与之共度余生的人，一切好像都已经不再重要了。

而当你异常走心地享受着这一切时，那个人脑子里想的却只有"还成，这套管用了"。

心理变态的恶情人从不展露真情实感。他们只是暗自观察你，像镜子一样映射你的情绪，并假装自己也像你一样在享受这段感情，如同置身九重天外。

因为他们知道，只有把你捧上天，之后你才能为他们跌落至尘埃。

这种理想化过程就是心理变态的恶情人调教、驯服你的第一步。我们也不妨把它称为"爱情轰炸"，因为他们猛烈的追求会迅速攻陷你的防备、打开你的心扉，甚至让你的大脑沉溺于源源不断的愉悦带来的化学反应中。这种过火的赞美与奉承实际上利用的正是你内心深处的虚荣与不安全感——你自己都未必知道这些因素的存在。

所以他们会通过电话、社交媒体与电子邮件之类的联系手段源源不断地为你奉上这些褒奖，只需要几周的时间，你们之间便会建立起一套只属于你们的"内部用语"：比如只有你们才懂的笑话、昵称和一些在你们之间产生共鸣的歌曲。在恋情结束后回想那段时期，你才会发现这整件事看起来有多么荒唐。而当你正置身于这种猛烈的追求攻势之中时，你根本想象不到生活中没有了那个人会变成什么样子。

那么，他们究竟是如何做到这一点的呢？

在赠送礼物和诗歌之外，心理变态的恶情人还有多种足以征服你的洗脑手段，而在这个过程中，常见的套路是他们一定会告诉你这六件事：

1."我们之间有那么多共同点！"

"我们看世界的方式是一样的，我们的幽默感是一样的，我们都是重视家人、朋友的热心人，我们简直是天生一对。"

心理变态的恶情人会反复对你强调这几点，他们甚至会直接说出"我们简直就像是同一个人"这样的话来。在调教、驯服他们的目标的过程中，心理变态会进行耐心的观察和模仿。他们从目标身上窃取优秀的品质，并表现得比目标本人更加优秀——他们不但吸收了其中积极的部分，还回避了这些优秀品质可能带来的情绪负担，因为这一切不过是他们的一场表演，这些夸大了的、映射自他们的对象本身的优良品质也不过是表面功夫。这些心理变态能够完美模拟的品质，实际上是他们既无法体会又无法理解的。他们能做到的，也仅限于以一种精确而颇具蒙蔽性的方式模仿他们的目标的品格，而无法呈现出与这些品格相配的、属于人类的深层情感：比如同情心和同理心。他们的品格本身实质上空洞无物。

在这个理想化过程中，恶情人在绝大多数时候会处于一个倾听者的位置，并抓住每个机会激动地告诉你他们深有同感。这样一来，你会逐渐相信再也没有谁能和他们一样与你有那么多共同点了。而且你的这种感觉其实也没有错，因为彼此独立的两个人是根本不可能在方方面面都相似到这种地步的。（况且就算可能其实也挺恐怖的。）

正常人之间就是存在着差异的，也正是这些差异让生活变得丰富有趣。但是心理变态的生活中就完全没有这些麻烦，因为他们并没有属于自己的自我同一性，更没有自我意识，他们没有塑造他们的需求、恐惧与幻想的人生经历。所以他们只能从你身上窃取这一切，像变色龙一样模仿你的方方面面，让自己显得和你是天作之合。

2."我们可有着相同的希望和梦想啊！"

心理变态的恶情人不仅仅会侵蚀你现阶段的生活，还会占据你的未来。就像是为了日后的收益加大赌注一样，他们会对你许下许多关于未来的诺言。这可以确保你在这段关系中长期而持续地投入。因为不管怎么说，谁会想在一段无果之恋中耗着呢？

心理变态的恶情人可能很快就会和你谈论起一些人生中的重大事件，比如同居甚至结婚。在正常的恋爱关系中，可能在交往了几年以后这些话题才会被提上议程。但是在心理变态的理想化过程中，你就完全不需要花那么多时间，因为你已经决定要与那个人共度余生了。假如你渴望拥有家庭和孩子，那么那个人就会表现得像个完美的伴侣和家长；假如你想要做点生意，那个人就会做出一副你的左膀右臂一样的姿态；假如你正处于一段不幸福的婚姻关系当中，那个人则会拿出一套完备的取代你的伴侣的计划。但是你此时注意不到的是，这些看似完美的计划到了最后，需要做出程度不等的付出或者牺牲的往往是你——而不是那个对你提出这些愿景的人。

3．"我们有着相同的恐惧和不安全感。"

心理变态的恶情人永远不会直接提及你的脆弱之处，但是他们几乎瞬间就能知道你的弱点在哪里。然后他们就会模拟这些弱点来博取你的同情心——因为你会尝试着用也许能给自己疗伤的方式来帮助他们。

作为一个富有同情心的人，你天生就会产生为处于痛苦中或是脆弱的人们提供安慰的倾向。一旦你发现某人的不安全感与你自己的相似，这种想要安慰他人的愿望会越发强烈，因为有着同样困扰的你相信，自己知道如何能让他们感觉好一些。

而心理变态会假装真心诚意地欣赏你做出的这些努力。他们会把你和前任做对比，把你夸得比任何人都强。他们会极力赞美你善良的天性，而这会让你不由自主地想为他们付出更多。你感觉你的努力都得到了欣赏，所以你更加想向他们证明你有多么在乎。他们的不安全感在你看来是他们真实、脆弱、敏感并且对你敞开心扉的象征——这看起来正是你想要关心、照顾的样子。然而在心理变态看来，不安全感只是辅助他们操控你的工具之一。

4."你可真美呀！"

心理变态的恶情人往往表现出对你的外表非常着迷。你可能从来不会遇到会对你的服装、发型、皮肤或者照片之类发表那么多评论的人。在最开始的时候，他们的言语听起来还满满的都是赞美：你美丽得超乎他们的想象，他们甚至觉得自己配不上如此美丽的你，他们在公园之类的地方散步的时候见到的每个人都不如你好看。（虽然我个人真心不知道这句话算什么赞美。）

这些绵绵不绝的赞美，一旦和他们对你展现的脆弱一面相结合，会让你迫切地想要报答他们的美意，让他们每时每刻都能感受到"恰如其分"的优越感——你会让他们知道在你眼中他们是多么迷人。而这刚好是恶情人的目的。在滔滔不绝地对你大加赞美的时候，他们已经知道用不了多久就能得到你加倍返还的仰慕。你会发现他们毫无预兆地就变得喜欢和你分享照片了，而你们之间的关系也逐渐变成了无限循环的互相奉承。

你甚至会逐渐把自尊心建立在那个人的评价上面，因为它们听起来总是那么正面，简直让你觉得自己整个人都在发光。随着他们的言语让你的自信心逐渐增长，你的身体也会逐渐发生变化，你会把越来越多的时间花在提升外表上，因为你希望自己能一直给他们留下好印象。

5. "我这辈子从来没有过这种感觉！"

当恶情人说出这句话时，就标志着他们又要开始拿你和其他人做对比了。他们通常会把你捧得比之前任何一任恋人都要高。他们会对你细致而深入地解释你具体在哪些方面比他们的前任们强，而他们已经不记得自己上一次感觉如此幸福、快乐是什么时候了。

你会不断听到他们说出比如"我真不敢相信自己这么有福气"之类的窝心话。而这种言论的真实目的正是诱发你与生俱来的想要让在乎的人幸福的欲望。恶情人会让你相信，你给他们带来的快乐是独一无二的，任何一个人都取代不了。而这一点会成为你的骄傲——因为你相信即使那个人身边追求者众多，他们真正想要的只有你一个人。

在心理变态的恶情人口中，一开始你永远是完美无瑕的，所以当他们改口批评你疯癫又嫉妒的时候，这之间的认知落差会大得让你很久都转不过弯来。而当关系结束之后，回首往事的你可能才会发现当时他们的赞扬是多么浅薄而别有用心。这一招他们在所有人身上都用，虽然根据目标的不同，奉承、赞美的具体内容也会有变化，但是其中总有一点是不变的：他们在每个对象那里都有"这辈子从来没有过"的感觉。与他们经常挂在嘴边的不同，心理变态实际上并不怎么能感受到爱与幸福，他们能感受到的充其量是一些在蔑视、嫉妒和无聊之间摇摆的情绪，仅此而已。

6."我们简直就是灵魂伴侣啊！"

心理变态特别热衷于"灵魂伴侣"这个概念。因为这个概念暗示着某些与爱情不同，甚至高于爱情的东西：它意味着你们命中注定就要在一起，它也意味着你从心灵到肉体全都属于他们。这个概念会在你们之间建立某种精神层面的联系，就算你们的恋情结束了，这种联系也不会断绝。

其实我们所有人可能都或多或少地渴望拥有一个灵魂伴侣——或是恋人或是挚友，总之是一个我们可以与其分享一切喜怒哀乐，能够让我们的生活变得更完整的存在。

而这一点也完全没有什么不对。就像我一直强调的，心理变态可能会把你的梦想与愿望用作操控你的工具，但这既不应该让你的梦想成为你的弱点，也不应该让它们就此破灭。在被心理变态无情抛弃之后，很多幸存者会全盘否定他们之前生活中的一切，并以此为保护自己的永久性屏障。

请你千万不要这样做。

如果你相信灵魂伴侣的存在，请相信你有朝一日一定会找到真正属于你的那一位。你一定会遇到那个温柔而善良的人，和他在一起时你无须时刻质疑自己的内心，不需要任何人为的紧张、刺激，你的爱情也会自然而然地绽放。但心理变态绝对不会是你的灵魂伴侣，他们也永远不可能是任何人的灵魂伴侣，因为想要成为灵魂伴侣，他们首先得确实拥有灵魂才行。

在读过以上列举的这几个套路之后，你可能会因为自己居然被这样的表里不一轻易骗过而感觉怒火中烧。"我当时是有多傻？！"你可能会这么问自己。拜托，你完全没必要就此给自己更多压力了。你要知道，你会成为心理变态的目标绝对不是因为你傻，而是因为你拥有许多优秀的品质。心理变态的理想目标往往是慷慨、宽容并且有些浪漫和理想主义的人。很多成为心理变态目标的人都在择偶问题上颇为谨慎并且要求较高，他们可能经常会感到孤独，但又很少遇到称心如意的约会对象。所以当能够像镜子一样映射着你全部的幻想的心理变态出现时，你很轻易就会把整颗心都扑在这段新恋情上，并在感情、经济以及身体方面都倾尽所有。你很快就会对那个人完全打开心扉，因为那个人让你相信你找到了命中注定的那个

"对的人",这是一种直接的信任和熟悉的纽带。

可是当心理变态的恶情人开始贬低你的价值之后,你不得不主动承担起这段关系中所有的指责,因为你想让那个你曾经认为就是自己的灵魂伴侣的人恢复曾经完美无缺的模样。而这一点正是了解心理变态现象的重点所在。在不明真相的情况下,我们可能会以为那个人依旧是"灵魂伴侣",只要我们付出足够的爱与关心就能让他回心转意。但是认清了心理变态的真面目之后,我们才会发现那个灵魂伴侣从一开始就从未存在过——那只是对我们心中理想伴侣应有的样子的拙劣模仿而已。如果更多的人能识破心理变态的这种伎俩,他们的潜在受害者就会明显减少。

旁敲侧击的巧语劝诱

在利用对你的吹捧把你骗到手之后,心理变态的恶情人就会开始试图按照他们的心理训练你的行为。通过各种间接的诱导与暗示,心理变态的恶情人能够旁敲侧击地对他们的受害者不断提出无法回绝的要求。与此同时他们还能维持一副天真无辜的面孔,因为绝大多数人都是不会往"他这是存心让我不好过啊"那个方向想的。

而他们最常用的手段之一就潜藏在他们恭维你的方式之中。心

理变态的恶情人会通过吐槽他们的前任来讨好现任目标，而这种吐槽和讨好实际上就已经构成了对目标行为方式的诱导。比如当那个人对你说"我前任老是这么做，可是你就不会"的时候，他真正想说的是你必须按照他希望的方式做。这样的话并不是在夸你，而是在对你做出警告：如果你和那个前任做了一样的事，那么下一个被踢的就是你。而那个前任可能根本就什么都没做，这只是心理变态间接地告诉你他希望你怎么表现的方法而已。

这里还有一些特别套路的例子：

"我和我前任总是吵架，你看咱俩就从来不吵。"

"我前任总是打电话查岗或者缠着我聊天，你就没那么缠人。"

"我前任总是催着我找工作，还是你理解我。"

重要的话我得多说一遍：那个人说这些话不是为了夸你，而是为了要求你。心理变态往往都暗自给让他们感觉厌烦的情感与特征拉了个清单，而现在他们正拿着这个清单向你灌输这种观念：你最好别试图对我表现出这种情绪，否则你就看着办吧。

所以现在只要你们一吵架，你就会想办法让争吵能以最不伤和气的方式赶紧结束，因为你不想表现得像那个人口中的前任。所以哪怕那个人在家里蹲了半年都不想着找工作，你都不敢说半个字，因为你不想表现得和某个前任一样。

而任何一点针对他们的计划的异议，都有可能为你招致冷遇或是尖锐的批评——"你变了"就是你的好日子随时可能到头的提醒。而这也是为什么大多数幸存者在关系结束后都会感到异常愤怒：为了迁就那个人的感受，为了表现得像个"好人"，放下了自己的情绪。你以为没人能像自己那样对待那个人，结果他掉头就跑向了那个他曾经在你面前抱怨得极其难听的人。而与此同时你还得强压着心底的各种愿望：比如催那个人去找个工作、给那个人多打几个电话、直接告诉那个人对你好一点。你放弃了这一切，只因为你觉得唯一能留住那个人的方式，就是顺着他的意思来。

但是你要记住，富有同情心的正常人是不会随便拿自己心爱的人和别人做对比的，更不会公然把内心里给每个人打的分都亮出来。如果你和某人真心相爱，你不一定必须向自己和所有人证明这段恋情比之前的任何一段都要好很多。而与此同理的是，如果你不爱了，你也不一定必须向你自己和其他人证明刚刚结束的这段恋情就是最糟的。

可是心理变态的恶情人就会这么做，而且在每一段恋情里都这么做，作为有计划、有目的地干预你行为的手段。

情感支持的缺乏

为了骗取信任，恶情人会为目标提供流于表面的赞扬与奉承，但当你真正需要情感支持的时候，他们能给你的往往只是一个敷衍了事的回应——如果他们没有直接无视你。随着时间的推移，你会逐渐放弃用自己的情绪去"打扰"他们，哪怕是在你特别需要另一半的慰藉的时候——比如在经历过疾病或者悲剧事件之后。因为你已经意识到，那个人根本不容许你展露出对他的仰慕之外的任何情绪。即便你顺着那个人的心意来，这种恶情人也会很快厌倦，并开始寻找下一个目标。由于不能对痛苦感同身受，心理变态在他人遇到难处的时候无法提供同情与帮助，这也就解释了为什么他们的"情感支持"往往是空洞而机械的。

那个"神经病前任"

恶情人特别喜欢谈前任——正常人绝对不会像他们一样跟新恋人讲那么多次这个话题。在把你捧得飘飘然，让你感觉自己对他们来说是独一无二的存在之后，恶情人很快就会开始跟你分享跟前任的糟心事来博取同情，在他们口中，那位前任往往对你和你们热情洋溢的新恋情无比妒忌。因为这些故事实际上都是编出来的，所以讲故事的人分分钟就能让它变个样。可能今天那个前任还被说成个有躁郁症的家伙，第二天就成了早就冰释前嫌的好朋友，然后第三天又变回了歇斯底里的疯子。而且过不了多久，你就会变成他们用来吸引新目标的"神经病前任"。

但是他们这么给人贴标签是为了什么呢？这些标签又有什么含义呢？

"我的前任简直有躁郁症。"

空口说别人是"躁郁症"，在性质上和空口确诊别人有糖尿病没什么两样。躁郁症是可以观察到明确的症候表现的疾病，远比"刚好惹我心烦的情绪波动"复杂。正如"躁郁"这个名字所体现出的，这种疾病的主要特征的确是反常的情绪变化，并表现为循环往复的狂躁与抑郁症状。但是即便这种疾病的确存在，恶情人口中的前任确实患有这种疾病的可能性又能有多大呢？真相更有可能是，这只不过是他们为了博取你的同情随口编出来的坏话而已。而且不出什么意外的话，等你和他们分手之后，下一个被贴上"躁郁症"标签的人就会是你。

如果你跟人分手以后就突然被"躁郁"了，而你之前确实从来没出现过相关症状，那你接受这个判断之前肯定得好好思考一下——

特别是当给你下这个诊断的是某个前任的时候。

躁郁症这个概念，麻烦就麻烦在它是一个能被恶情人完美利用的标签。如果你曾经是一个活泼而乐观的人，这些优秀品质日后在恶情人口中就构成了躁郁的"躁"，而你对那个人的虐待做出的合理反抗又构成了所谓的"郁"。在对你进行理想化的阶段里，当那个人模仿你的品质，表现得特别迷人的时候，你会觉得简直生活在云端，每一步都踩着阳光。但是当那个人突然转头抨击你并且背叛你的时候，你又会悲伤哭泣。比如那个人一方面冷落了你很久，另一方面又把新欢旧爱都带到你眼前晃，你会不会很难过？难过吧？好了，你这就算"躁郁"了。

光是设想一下有多少受害者可能只是因为这种被刻意激起的极端情绪就误以为自己有躁郁倾向，我都会觉得有点恐怖。绝大多数经历过心理变态的幸存者可能都需要一至两年的时间让自己的情绪重新稳定下来，所以在那之前，请务必不要草率地判断自己出了什么问题。

注：根据不完全统计，的确有数以百万计的成年人深受躁郁症困扰。如果你真的认为自己的精神健康状况堪忧，请去寻求专业人士的帮助，而不要相信某个会让你翻开《如何不喜欢一个人》并且读到了这里的前任。

"我前任是个歇斯底里的神经病！"

话都说到这种地步了，就没必要考虑那个前任为什么是个神经病了，对吧？

没准那个前任的确是神经病，不过咱们还是得稍微想想，因为这句话同时指出了以下这两个事实：

1.那个人不知什么原因和那位疯疯癫癫歇斯底里的前任谈了恋爱。

2.如果是他们上一段感情存续期间发生了什么事情导致那个前任发生了变化，那么这得是件什么样的事呢？难道他就是某一天毫无缘故地精神崩溃了吗？还是这其实和批评、谎言、指手画脚和三角关系之类有关？如果有人告诉你他的前任有多么"神经"，也许你应该退一步并且认真想想第二种情况的可能性。

而且给前任下这种定义还有一个目的：侧面告诉作为现任的你什么样的行为才是"可接受的"。"疯狂"或者"歇斯底里"这种形容具有极强的贬低和排斥的意味，它们意味着被用这些词描述的人针对一些事情做出的反应是过激的，所以你也会因此而格外注意不要做出同样的反应。这是心理变态的恶情人潜移默化地鼓励你停止反击，放弃在他们面前保护自己的策略。通过让你在对比中质疑自己是不是也会变得那么歇斯底里，恶情人成功地让你的注意力从他们实际上强加于你的虐待行为上转移了。

"我的前任特别记仇。"

这话是什么鬼？拜托，这么说算什么意思？它听起来简直就像往某人脸上狠狠捶一拳，然后对那人说："你这人怎么这么记仇呢？"对，那个人可能的确因为你打的那一拳而记仇了，但是就这一点横加指责，真的能代表他们因为自己被打了而记仇是不应该的吗？

所以这还是刚才说过的那一套：贬低与排斥。在虐待行为和欺骗过后，心理变态希望他们的受害者要么乖乖闭嘴，要么屈膝服从。一切对这些恶行的愤怒或质疑都会被解读为"对他们怀恨在心"。然后他们会反过来和新欢一起审视满怀怨恨的前任，假意用怜悯的眼光看待那些颇有些幼稚的行为，却对那位前任产生这满腔怨怒的真实原因绝口不提。

"我的前任其实还爱我，所以他特别嫉妒咱们。"

首先来说，正常人谁会总是念叨这个啊？这么说不但招人厌烦，而且就算说的是事实，这种又蠢又傲慢的言论难道不是谈恋爱的时候应该尽量避免的吗？

再深挖一点，我们也许就该研究一下到底为什么那位前任会依旧爱着那个恶情人，并且非常嫉妒你们的关系。一般来说，心理变态一旦找到新目标，就会恨不得在上一段恋情刚结束没几天的时候把新欢昭告天下，你知道这会导致什么后果吗？哎呀，这会招致嫉妒。

恶情人乐于制造充满绝望感的、有毒的恋情。而这种被裹挟在盲目理想化与过度贬低之间的热情，致命之处就在于它是持久而又令人深陷其中难以自拔的。通过刻意的诱导，心理变态先是让目标几乎每时每刻都想着他们，又猝不及防地把这些念想断了个干干净净。因为这种人是无法建立正常情感联系的，又总是会感到无聊，这种事情并不会让他们自己有什么不适。但是这足以让一个心理健康的人彻底陷入绝望。你可能会疯狂地给那个人发短信，以为这样也许能挽回失去的一切，但是你意识不到的是，那个人可能正拿着这些短信给新目标看，作为你"疯狂"的证明。而他们留给你的只有残缺的安全感、徒劳的自我保护的愿望、自卑感、一颗破碎的心和一百万个再也无人解答的疑问。

这就是为什么从这种恶情人的伤害中恢复需要那么长时间。

抱怨前任嫉妒的另一个作用是让现任感觉自己很特别——就好像那个人虽然仰慕者众多，却唯独认定了自己一样。而恶情人也会把依然受他们摆布的前任拉拢在身边，来塑造一种"我很抢手"的印象。

"但是我的前任就是特别渣、特别糟糕啊！"

其实谁没有一两个关于讨厌的前任的故事呢，这很正常。但是如果某个前任被提起得过于频繁，以至于你简直觉得那个前任成了你现在这段新恋情的一部分，那就完全不正常了。同样不正常的是一边当着你的面骂前任，一边几乎每天都和他们玩到一起。所以你得相信自己的直觉，并且牢牢记住这一点：这些前任也是恶情人用来驾驭你的工具。

在前任问题上，应该明确这么一个底线：任何总是特别恶毒并且特别频繁地谈起自己的前任的人，往好的方面想，至少是没准备好进入下一段情感关系；但是如果往最坏的方面想，那个人没准就是在试图控制你的思路，并潜移默化地驱使你敌视自己遇到的每一个人。而且毋庸置疑的一点是，在这种人那无尽的情感游戏中，他们怎么对你说自己的前任，就会怎么对下一个棋子谈起你。

试水

一旦你接受了心理变态编排好的思维模式，他们就会开始试验自己对你的控制到底到了什么程度。一个可以为他们所用的人是不会反抗的，更不会在必要时主动保护自己。如果他们对你的理想化过程进行得顺利，此时的你更在乎的会是如何保持这段恋情的温度，而不是捍卫自己的利益或者尊严。

在这段时间里，你不时会看到一点点他们的阴暗面。比如他们可能在床笫之间半开玩笑地喊你"婊子"来观察你做何反应。或者假如和那个人恋爱时的你依然处在另一段婚姻关系之内，他们可能会拿你的合法伴侣居然对你的婚外恋毫不知情来寻开心。就像这样，他们会开始对你的智商、能力以及梦想进行微妙而狡猾的讥讽、挖苦。

这些讽刺都是他们对你顺从程度的测试，但不幸的是，如果你正在读这本书，似乎就证明了你已经通过了恶情人的考验。一旦你对恶情人那些越来越恶毒的言论做出任何负面的反应，他们都会信誓旦旦地向你保证自己很明显是在开玩笑。所以在他们对你的底线进行"试水"的这段时间里，你会感觉自己似乎变得越来越神经过敏了。如果你觉得自己一直是个随和又开朗的人，这时候你会开始质疑这一点。而质疑的结果，往往是你最终放弃了对那个人表达你的感受，并期待自己的退让能让一切维持现状。

但是恶情人会把这些巧妙的讽刺与甜言蜜语结合起来使用，以确保哪怕你感觉悲伤、失落，你的大脑里依然有足够的令你上瘾的化学物质来维持你的激情。这种伎俩带来的精神愉悦会让你逐渐习惯于忽视自己的直觉与感受。

如果你现在回顾一下那段恋情的初期阶段，你可能依然记得一些你当时试图无视的小小的警示信号——那些与"好人"这个人设不怎么配套的行为。比如他们可能稍微有点爱说自己的前任依旧是多么多么爱他们；又比如他们总是"刚好忘记"按照说好的那样按时给你打电话，过了好几个小时才想起联系你；再比如约会的时候他们不仅不再埋单，连出租车钱也都让你掏。而当这些行为出现的时候你又是怎么做的呢？你由着他们去了，你不假思索地原谅了他们，因为你下定决心要做他们最特别的那个伴侣——那个能够包容他们的一切并且为了他们的幸福可以不惜任何代价的人。

　　当你这么想并且这么做的时候，就标志着恶情人对你的"驯化"成功了。

对自我认同的侵蚀

通过用行动把在理想化阶段对你说过的好话一句一句都收回来，心理变态的恶情人会逐步剥离你的自尊。他们会公然对你的梦想大肆嘲讽，同时隐晦地暗示你也许并不是他们的那个"对的人"——即便如此，他们也会牢牢地把你捆在身边，享受着你给他们的关注。在把你驯服得既依赖他们又对他们俯首帖耳之后，他们会用这种对你的控制力在关系中刻意制造交织的欲望与绝望。在这种压倒性的情感旋风面前，你美梦般的恋情终于变成了恐怖的梦魇。

践踏你的底线

情感上的施虐者惯于让他们的受害者沉浸于羞耻、不安以及信心不足等情绪之中，因为他们都是一些无法与强大而独立的个体发展健康恋情的胆小鬼。被他们选中的目标往往是既成功又有些理想主义的，因为这样的人拥有更多可以失去的东西。但情感施虐者无法直接控制这种拥有优良品质的人，所以他们才要通过贬低、嘲讽、刻意激发嫉妒等伎俩打破目标的自尊心。这样的目标又往往有着程度不等的完美主义倾向，以至于他们会拼命努力去迎合施虐者那根本不可能达到的目标，这最终会体现为一种诡异的化学反应：尽管施虐者懒惰又不忠，他们的形象却是理想化的，而受害者哪怕为了这段感情尽心尽力、对这段感情的付出前所未有，他们的价值也一再被贬低。

通过一种精心计算的、往复于甜蜜与刻薄之间的循环，心理变态会像砂纸一样一点一点把你的自尊打磨殆尽。你的标准会慢慢地变得越来越低，到了最后，可能一点点最基本不过的正常待遇都会让你感激涕零。这就像温水煮青蛙一样，在为时已晚之前，你可能根本不会意识到自己身上都发生了些什么。虽然你的家人和朋友可能会为曾经精神又活跃的你身上发生的改变疑惑不解，但你只会疯狂地为伴侣的行为开脱，并且无法认识到这段恋情背后那让人痛心的真相：有些东西早就不一样了。

你可能会花上好几个小时盯着手机干等着，只盼着那个人像说好的一样给你打个电话或者发条短信。你可能会推掉自己的计划，只为确保不论那个人什么时候想找你，你都会有空陪他。你可能还会开始更加主动且频繁地试图与那个人交流，并努力无视那种挥之不去的对方其实根本不想跟你说话的感觉——那种那个人就是单纯地"受够你了"的感觉。你甚至可能开始在他的脸谱主页上用可爱的笑话和赞扬刷屏式留言，希望这样可以找回一点恋爱刚开始时的那种既梦幻又完美的感觉，但是那个人给你的最好回应也不过是不疼不痒、空洞无味。

而你呢？你会编浪漫的故事讲给任何愿意倾听的人，你会在讲述中过分地夸大那个人的优点，因为只有通过向别人力证你的恋人依然很好，你才能继续活在这个谎言之中。哪怕你正经历着一段再糟糕不过的关系，你的亲友们眼中你的伴侣却依旧如同你描述的一样完美，以至于当你们分手以后，对他们解释你到底经历了些什么会变得既麻烦又难堪。你这时候再讲什么故事都听着不像真的，你的亲友们总难免会埋怨你为什么不早点把这一切都说出来，而且对于你对自己遭受了情感虐待毫无意识这一点，他们会很难理解与相信。

更糟糕的是，就在你努力克服焦虑感的时候，心理变态的恶情人会抓住机会进一步践踏你的底线。这个时候的你是最容易受到伤害的，因为你简直愿意为了那个人做任何事——只要他还会把注意力放在你身上。

但是他对你外表的评判会变得越来越苛刻，他会突然开始关注你身上的每一个细节，并且对一些不足之处大肆批评。而你很有可能因此放弃好好照顾自己，甚至冒着罹患饮食紊乱的风险节食，因为你想让自己的身体保持对那个人的吸引力。心理变态们往往很热衷于身体、形象问题，他们会施舍一些赞许作为对你不健康的生活习惯的奖励，并以此刺激你继续以这种病态而勉强的方式追求完美。而此时他们摇摆不定的观点完全能决定你对自我价值的定义，这会让你的情绪也变得异常不稳定。

那个人甚至会开始在朋友们面前寒碜你——关上门来吐槽你已经满足不了他了——而且这种寒碜还往往披着"幽默"这层皮作为掩饰。所以当朋友们丝毫不顾忌你的感受，跟着那个人的笑话哈哈大笑的时候，你会感觉格外受伤。心理变态才不会在意自己的笑话是不是过分，你的意见不但会被驳回，还会让你背上过于敏感之类的指责。而你也会慢慢习惯这种待遇，习惯扮演一个疯狂而不明智、唯一的目标就是取悦另一半的恋人角色，随着时间的推移，你也会逐渐相信这种设定。

而就算到了这种时候，那个人还会不时地在相处中让你看到一点理想化阶段的影子。比如当你终于到了崩溃的临界点时，那些曾经的海誓山盟和柔情蜜意便会突然卷土重来。但是他永远不会承认自己的行为有什么不对，因为这些已经足以转移你的注意力，让你相信自己当初爱上的那个人没有变，除此之外的其他事情都不重要了。

刻意造就的极端情绪

在与心理变态的交往中，你可能会体验到一些前所未有的极端负面情绪：疯狂的嫉妒、情感匮乏、愤怒、焦虑以及偏执。而在每次情绪爆发之后，你可能都会这么想："我要是没有表现成那样就好了，我没有那么表现，那个人应该就会对我满意一点了。"

真的是这样吗？再好好想想。

这些情绪其实并不属于你啊。重要的话我得再说一遍：这些情绪并不属于你。它们是由那个心理变态精心捏造出来的，目的就是让你开始质疑自己原本善良的天性。心理变态的受害者总是倾向于自己可以理解、宽恕并且包容情感关系中的一切问题，但是当他们不得不过于频繁地试图在另一半那些荒唐的行径中寻找合理性的时候，最终往往会把自己逼进死胡同。

连环挑衅狂

所谓的"连环挑衅狂"精于锁定随和而灵活的人为目标。他们会紧紧咬住"随和"这一点，通过隐蔽的刺激、贬低，恶毒的幽默以及盛气凌人的姿态耗干目标的这种品质。为了回避正面冲突，被"连环挑衅狂"盯上的目标往往会试图保持和善、友好，通过宽容和为对方的行为开脱来维持当下的和谐。但是"连环挑衅狂"会继续激化矛盾，直到他们的目标耐心耗尽而决定反击为止。目标一旦反击，"连环挑衅狂"反而会退后一步，什么都不做，并装出一副对对方表现出的愤怒、不稳定以及消极攻击性大为震惊的模样。这种姿态会立竿见影地让他们的目标感觉自己也许做得过分了，并且把错都包揽到自己身上。他们会因为自己失去耐心的行为而感到羞耻，哪怕他们的行为实际上并非不合理，而那个"连环挑衅狂"实际上一直都在这么做。区别就在于目标会为自己的行为而后悔，"连环挑衅狂"则不会。目标认为，不论发生了什么，自己都有责任保持平静并且维持和气，"连环挑衅狂"则觉得自己可以为所欲为。

举个例子来说吧，可能你在遇到这个恶情人之前从来不认为自己是个嫉妒心很强的人，你甚至一直为自己开阔的心胸和淡然的心态而自豪。这些品质刚好就是恶情人会格外注意并加以利用的地方。在驯化你的阶段里，他们着重奉承、夸奖你的这些品质来吸引你上钩——比如说你完美得让他们不敢相信，你们从来不吵架，你们之间从来没有戏剧性的扯皮，你和他们既神经病又讨厌的前任比起来实在是太随和了。

但是在这些表象之下，恶情人酝酿的是另一套戏码。心理变态非常容易感到无聊，所以一旦把你骗到手，理想化过程在他们眼里就已经没什么意思了。而他们对这个过程的兴趣一耗尽，你的强项会立刻变为他们用来针对你的弱点。恶情人会玩命地作妖，把你置于各种困境，并且会根据你的反应来对你恣意评判。

让我们来看几组典型的对话（虽然有些夸张）：

案例 1：

男朋友：嘿，我高中的校友要到咱们这个城市来，你想见见她吗？

女朋友：我才不要！你都有我了，为什么还需要别的女性朋友？！

在这个案例里，女朋友看起来确实需要稍微面对一下自己嫉妒过头了这个问题。如果该男朋友在过去没有虐待过她，她这么表达自己的嫉妒很明显是不太合适的。

案例 2：

男朋友：我前任要到咱们住的这个城市来了，就是我之前跟你说过的那个，既神经病又虐待狂，但是对我特别着迷的那女的。

女朋友：哦，听到这个我很遗憾。

男朋友：晚点儿时候没准儿我们要和她出去喝一杯，她以前一喝酒就爱冲我放电。

女朋友：等等，我有点搞不明白了。咱俩能私下谈谈这事儿吗？

男朋友：怎么？你对这事儿有什么看法？

女朋友：没有！我没什么意见！你不总是说她对你特别不好吗？所以我有点蒙。你们俩现在已经没事儿了？不过和前任还能做朋友总是好事呢。

男朋友：啧啧，你有时候醋劲儿还真大。

女朋友：对不起，我真的没想吃醋的，我一开始真的没太明白你什么意思。

男朋友：我跟你说，你这么爱吃醋咱俩这恋爱就没法好好谈了，你这不是瞎折腾吗？

女朋友：我都说了，对不起！我没想把这件事弄成这样的，咱们不再提这个了好吗？

男朋友：好吧，我不怪你。但是你的嫉妒心很成问题，咱们得慢慢解决。

在这个案例中，心理变态的恶情人主要做了这么三件事：

1.把女朋友置于一个完全无解的、是个正常人就会感到嫉妒的语境之中，尤其是通过谈论他的前任依旧多么爱他。

2.虽然女朋友已经试图用最通情达理的方式做出回应了，他还是指责她吃醋。

3.分明是他先挑起的问题，他反而转回头来扮好人去"原谅"女朋友，并且像老师训学生一样教育起她来。

这种情况维持得越长，以上案例中的"她"就越会相信自己的嫉妒心可能真的是个问题。

实际上，这种刻意捏造的情绪并不仅限于嫉妒。比如在和恶情人交往的过程中，你可能会感觉自己变得特别黏人，特别需要关注，这种情绪也同样来自那个人的诱导。想想看，那些没完没了的对话和源源不断的注意力都是谁起的头？是那个人。而一旦那个人感到了厌倦，你将他们起头的事情继续做下去反而成了你的错。

当然，我们都同意某一方太黏人肯定是对情感关系不利的，但是真正的黏人和心理变态捏造出来的"黏人"是两种完全不同的情况。

案例1：

女朋友：我今晚不能陪你了，我奶奶想和我一起吃晚饭，不好意思！

男朋友：可是我已经三个小时没见到你了！这样可不行，你最好随时给我发短信。

在这个案例中，该男朋友黏人的问题的确比较需要重视了。如果女朋友在过去没有虐待过他，他这么黏人很明显是不太合适的。

案例2：

男朋友：嘿，我都三天没有你的信儿啦，我发这条短信就是想问问你最近怎么样。

女朋友：哎，我又不是没跟你说过，在你之外我也是有自己的生活的。

男朋友：我知道，但是咱们曾经每天都联系的呀，每天早上你都会给我发信息。

女朋友：你怎么这么缠人呢，我自己的事儿多着呢，不能什么都不干光给你发短信吧？

男朋友：对不起，我真的不是想缠着你，这三天以来我不就给你发了这一次短信吗？

女朋友：真受不了，我就没遇见过这么黏人的男朋友。

男朋友：对不起，我真的错了！我不再烦你了。

女朋友：好啦，我不怪你了。不过你这么黏人很成问题呀，咱们得想办法解决一下。

在这个案例中，心理变态的恶情人同样主要做了这么三件事：

1.把男朋友置于一个完全无解的、是个正常人就会主动寻求注意力的处境之中，特别是在理想化阶段里她曾经持续不断地给予他关注的情况下。

2.虽然男朋友已经试图用最通情达理的方式做出回应了，她还是指责他黏人。

3.同样分明是她长期的冷落引起的问题,她反而转回头来扮好人去"原谅"男朋友,并且像老师训学生一样对他进行教育。

和嫉妒的案例一样,这种情况维持得越长,以上案例中的"他"就越有可能开始怀疑自己是不是真的是个缠人的家伙。

这样的案例我还能举出很多很多:愤怒、偏执、妄想、歇斯底里——有关你在那段有毒的感情里感受到的每一种负面情绪,我都能举出这样的案例来。当你被这种情绪裹挟的时候,想到"我这是出了什么问题"是完全正常的。你没准还会觉得自己要发疯了,而这正是心理变态的目的所在,他就是想让你以为自己要发疯了,这样在外人看来你才是这段关系中的那个不稳定因素。但是一旦那个人从你的生活中离开,你会发现一切都会逐渐恢复正常。如果你经历的是正常—"发疯"—正常这么一个流程,那你就不是真正的发疯,而只是有人把你刺激成这样而已。

你要知道,在正常的、充满爱的情感关系之中,根本不会有人让你面对那些无解的困境。你的边界受到了挑战,而就当时的情形来说,你已经做得很好了。但是在未来的情感中,你再也不应该让别人告诉你你是谁或者你应该有什么感受了。

言语大乱炖

当心理变态的恶情人感到百无聊赖或是自己的地位受到了威胁的时候，他们就会使出所谓的"言语大乱炖"来折腾你。简单地说，那是对话能呈现的最糟糕的形态：他们说的话里一点实质性的内容都没有，只是单纯地对着你叨叨个没完。你还没来得及对某个离谱的观点做出回应，他们就已经向你抛出了下一个，把你搞得头昏脑涨。记住以下的几个危险信号，会有助于你在未来及时从这种情况中脱离，并且有效规避它可能带来的伤害。

1. 死循环式对话

很多时候你以为你和那个人在某件事上已经讲清楚了，结果没过两分钟你们就再次就那个问题掰扯起来，而且他会把同一个观点来回去地重复个不停，就好像你从来没有发表过意见一样，而你表达过的意见和观点也会被完全无视。就算你们真的能讨论出个什么结果，那也一定是由那个人主导的。在和心理变态交往的过程中，同一个问题会反反复复地出现：为什么他又和前任特别亲近了？为什么他突然不理你了？为什么他总是急着想挂你的电话？而每次你和那个人提起这些问题的时候，情况都会像你们之前没有为这种事吵过架一样，你们又得从头开始毫无结果地扯皮，再次陷入僵局，你会觉得这一切简直又疯狂又让人心力交瘁，特别是最后往往都是他决定"我在这件事儿上都吵烦了"。这是个旋转木马一样的死循环。

2. 每次他们自己犯错，都会把你以前的错误翻出来当挡箭牌

如果你指出了他们做的某些恶心事——刻意忽视你，甚至在外面偷腥什么的——他们会立刻翻出一件你以前做过的与此完全无关的错事来搪塞。比如你是不是曾经有过酗酒的毛病？如果有过，那么他们在外面偷腥的问题和酗酒一比就不算什么了。比如你们两年前第一次约会的时候你是不是迟到了？那么你还有什么理由抱怨他们三天不理你？而如果你试图翻他们的旧账，那么你立刻就会被说成一个爱抱怨的、刻薄的神经病。

3. 居高临下的姿态

在和你争论的全过程中，心理变态的恶情人都会端着一种看似平和、冷静的架子，用一种近乎嘲讽的态度衡量着你的反应，观察着你到底能承受多少。一旦你的情绪终于激动了起来，他们会立刻挑起眉毛，露出轻蔑的冷笑，并做出一副貌似失望的神情告诉你冷静下来。这整套"言语大乱炖"的目的就是为了让你陷入错乱，从而让他们占得先机，因为对心理变态来说，对话和讨论本身——还有生活中其他所有事情——都是必须分个高下的竞争。

4. 把自己做的事情都推到你头上

在激烈的争吵中，心理变态是不知廉耻的。他们会把自己身上的恶劣品质全都当成标签贴在你脸上。这已经不仅仅是潜意识的投射了，正常人的投射都是无意识的，而心理变态就是存心把自己的缺点当成脏水泼向你，并且他们就是在等着看你做何反应。说真的，有人对着你这么睁眼说瞎话，你怎么可能没有反应呢？

5. 多重人格

在典型的"言语大乱炖"式的对话中，你很有可能会同时看到那个人的好几张完全不同的面孔：好人、坏人、疯子、跟踪狂、巨婴。如果你终于受够了他们的错待和谎言，下定决心要抽身离开，那个人就又会重新唤起你一点理想化阶段的回忆，用这种小小的折磨和空虚的承诺来引诱你回心转意。一旦这么做不能奏效，他便会开始毫不留情地辱骂他曾经理想化过的一切。你可能感觉自己根本不认识眼前的这个人，因为他的性格在试图重新夺回对你的控制权的时候崩坏得面目全非。我们的在线互助平台上有一位亲爱的会员维多利亚，他对这种现象做了很精辟的总结："一旦他们的画皮被揭开，露出底下的恶魔，恶魔便会在绝望和狂怒之下大发雷霆：狂乱、扭曲、挣扎、阿谀、火花四溅、令人作呕。"

6."永恒的受害者"

不知怎的，每次关于那个人的出轨或者谎言的讨论最终往往都会被引回到他们自曝过去悲惨的经历上：要么有过受虐待的经历，要么前任特别有病。总之你会因为这些惨事而对那个人产生同情，哪怕他刚刚做了一些难以原谅的错事。你甚至可能会把他此时复杂情感的流露视作一次难得的建立更深层的情感联系的机会。可惜心理变态这么做唯一的目的就是转移你的注意力，一旦这个目标实现，一切都将恢复原状，不会有实质性的进步与改变，更不可能有什么深层的情感联系。虽然恶情人总是把自己受到的"虐待"挂在嘴边，但是到了最后，真正承受虐待的那个人不是他而是你。

7. 你不得不对他们讲解最基本的人类情感

在争论中，你发现自己居然开始解释起诸如"同理心""友好的表现"以及"他人的感受"之类最基本的概念来。这些与人相处时最基本的注意事项，正常的成年人应该早在幼儿园里就学到了。你并不是第一个依然期待着能唤起那个人善良的一面的人，也不会是最后一个。你这么做的时候很可能暗自这样期待着："如果那个人能理解我为什么感觉受到了伤害，他应该就不会继续那么做了。"但是那个人不会，他既不会理解你为什么受伤，也不会停止对你的伤害。如果那个人真的是一个心怀善意的好人，你从最开始就不会受到那种伤害。而更糟糕的是，在你们初遇的时候，那个人完全可以伪装成一个好人的模样——为了用温柔可亲的性格骗你上钩。心理变态的恶情人不是不知道如何表现得和善、友好，但是他们就是不想这样做，因为无聊。

8. 无穷无尽的借口

是人都会犯错，都有可能把一些事情搞砸，但是心理变态给自己找借口的频率比起他们按照自己所承诺的行事的频率要高多了。他们的言行几乎从未一致过。你失望的次数实在太多，以至于他们把一件事做到哪怕只是马马虎虎，你都会感到如释重负——因为恶情人已经把你调整到对哪怕一点点最基本的合理对待都能感恩戴德的状态了。

9. "这都是些什么事儿啊？！"

无休无止的争论会让你感觉心力交瘁，头疼对你来说可能已经不再仅仅是个形容词。一连好几个小时——甚至好几天——你的精力都会被牵扯在扯皮上，而你所有的情感与能量的付出似乎都没有任何回报。你可能为一些没有解决而你又完全不能认同的观点在脑内准备了无数条驳斥；你可能得时刻准备着为自己辩护；你可能不断尝试寻找和平解决问题的方法，尝试过和对方平摊引发问题的责任，希望能给彼此一个道歉和解的机会，但是最后你会发现，自己是唯一一个道歉并做出让步的人。

恶意蛊惑与投射

头号公敌

心理变态不仅会对目标精挑细选，还会通过巧妙地模仿目标的性格来与之迅速建立信任和情感联系。但是由于这种模仿对他们来说只是角色扮演，他们无法永远毫无破绽地演下去，所以他们的目标总有一天会看到那张完美的面具上出现小小的裂痕——那些难以解释的、和他们原本的形象大相径庭的微妙时刻。而任何敢于指出这一点的目标都会变成心理变态的头号公敌。他们不但不会承认自己的错误和欺骗，反而会不择手段地试图让目标也失去理智。通过心理战、营造三角关系、求全责备以及冷落处理，他们用一副看似无辜的嘴脸推动着目标走向自我毁灭。鉴于绝大多数目标当时都并不知道自己的对手实际上是心理变态，他们可能只是感觉到"我们之间有些东西变了"。但是在心理变态看来，这一点简直就是最大的侮辱——这质疑了他们伪装成健全而正常的普通人的能力。所以在找到下一个能够被谎言蛊惑的受害者之前，必须先把"疯狂"这个污名贴到当下的目标头上。

所谓恶意蛊惑指的是心理变态的一种策略，他们会刻意歪曲现实——并且通常是通过一些隐藏在日常琐碎中的谎言与不当行为——来激起你的反抗，然后再彻底否认事情的起因存在过。像绝大多数心理变态的受害者一样，你可能也是一个随和而不轻易做出反抗行为的人，但是在和心理变态交往的过程中，你总有一天会感觉忍无可忍，并把自己的意见表达出来。但是这正是心理变态想要抓住的时机，他们要么会把事实向着偏向于自己的方向扭曲，要么会直接否认你抱怨的事情发生过。这会让你逐渐开始质疑自己的精神是不是还正常，而心理变态会以此为契机，逐渐侵蚀你对真相的理解与掌握。

作为情感虐待的恶意蛊惑往往表现得非常不直接，只是体现在说一套做一套这样简单的事情上。比如那个人可能告诉你自己在去健身房的路上，实际上他根本没有去健身，而是和朋友们去聚了个餐。这种小事的意义何在呢？为什么那个人不能直接告诉你，自己原本就计划去和朋友吃饭呢？在你们刚刚在一起的时候，如果不明真相的你问起那个人的健身计划执行得怎么样，他可能还会编一些借口和解释来搪塞你，当这种虐待随着你们的关系进展逐渐加深时，那个人很有可能直接不承认自己说过要去健身。而你呢？你会反驳，你会试图复述当时你们的对话，然后你会发现自己的这种表现似乎既无聊又琐碎，还特别招人烦。

　　而恶意蛊惑的重点就在这里：你的那种表现确实无聊、琐碎、招人烦。因为谁没事闲得会没完没了地讨论把健身改成吃饭这种小事呢？这种事能有多重要？在正常的情感关系中，这种事出现一次两次你根本不会在意。但是在和心理变态的交往中，这种毫无意义的谎言出现得实在是过于频繁，你总是让自己陷入这种荒诞而毫无出路的对话之中，感觉简直像个走火入魔的侦探一样。

　　说到侦探，如果你的确能拿出一些证据——短信或者邮件之类的——来证明恶情人说了谎，那个人就会用冷遇和"妄想狂""神经病"之类的指责来惩罚你。长此以往，你会相信自己的确很烦人，并且意识到开诚布公的交流已经不容于你们的关系之中了。

"黑洞"

　　在心理变态看来，不管他们怎么对待过别人，他们永远是受害者。什么都不是他们的错，永远是别人在冤枉他们。对心理变态来说，他们的谎言、背叛以及虐待从来就不是问题，问题只是你开始意识到这些行为的存在。为什么你就不能满足于理想化阶段呢？你怎么敢不听话，站出来为自己发声呢？和这种人的纠缠就像被吸入黑洞一样绝望、无助，因为不论你受了多少伤害，一切错误都还是会被推到你身上。

我们另一位亲爱的会员"破坏猫猫"，对这种难以置信的洗脑过程进行了明确而清晰的阐述：

"心理变态把自己的行为投射到你身上，然后用它们来责备你。他们会指责你太消极，然而他们自己才是负能量满满的那一方。通过装神弄鬼的蛊惑，他们会让你相信导致问题的不是他们的情感虐待，而是你针对虐待做出的正常反应：如果你因为他们的冷落、失信、谎言以及背叛感觉痛苦而愤怒，那一定是因为你出了问题。如果你挑明了他们的行为有哪里不对，那一定是因为你神经过敏，而且什么事都只看消极方面。

"这些都是他们对你进行洗脑的必要工序。先是做出各种既难以接受又很明显是在放肆地施虐的行为，再想办法证明这些都是因为你自己有错。他们无端给你带来你本不应该承受的痛苦，又拒绝承认自己对你做了什么。而且他们让你相信那是你自己的错，因此你只会因为这些责备自己，因为那些恐怕根本没有发生过的事情责备自己。

"对，回头再看看那个，确实很没逻辑是吧。

"作为临别的'赠礼'，心理变态会把导致这段感情破裂的所有罪行都扔到你头上。但是问题在于，这段感情其实从一开始就注定了没有希望和未来。

"如果你能一直保持住最开始那个人用爱情轰炸你时的乐观与天真——哪怕经历了那些欺骗与虐待——那就什么问题都不会有了。如果你从来没有对他们后来根本就不承认自己写过的信里的那些谎言和纰漏提出过质疑，如果不管看到了多少说服力充分的、能揭穿他们谎言的证据——那些他们刻意留下的当作对你的考验的证据——你都能保持顺从和沉默，那就什么问题都不会有了。

"即便如此，他们也会对这样的你感到无聊和失望，因为你没有跟上他们的节奏，没有接受他们的挑战。于是他们就会给你凭空安上一个罪名，好让自己的虐待显得正当、合理，还能多点刺激的戏剧性。不论你做什么，在心理变态面前等待你的都是两败俱伤的局面。他们会拼命让你相信，你是这场爱情战役的失败者，然而真正的输家分明是他们自己。"

床第之间的操控

和心理变态的鱼水之欢最初看起来是非常完美的：他们刚好知道该如何爱抚你的身体，该对你说些什么，能够完美把握这场游戏中的每一个时机。你们在床上简直是天造地设的一对，不是吗？

从某种角度上说还真是。

就像他们可以映射其他事情一样，心理变态同样可以映射出你内心深处对完美性爱的幻想，这解释了为什么你们在刚刚在一起的时候，每一次的床笫之欢都是那么完美无瑕又激情四射——也解释了为什么当他们开始逐渐抹杀你的自我同一性时，和他们上床总会有被强暴一样的感觉。因为心理变态实际上无法与你分享那些亲密的幻想，他们只是通过观察来让自己的行为能与你的相配而已。当你意识到这一点的时候一定会很震惊，因为你会发现，你在那些亲密时光中感受到的精神和情感的欢愉，拥抱着你的那个人从未体会过，在那种你毫无防备的时刻中，他只是在冷静地观察和学习。

这会把你置于绝望的境地，你需要那个人在床上的奉承与赞扬来获得自信，而那个人会用这一点来操纵你，先撩拨起你的欲望又故意抽身离去，让你显得饥渴、绝望而淫荡。在理想化阶段里，那个人好像怎么要都不够，一旦你上了钩，那个人则会和你斗智斗勇起来，把性爱作为掌握在自己手里的筹码。

当你躺在那个人身边时，你能明显感到他在等你主动迈出下一步。那个人已经准备好了要耍弄你——让你感觉自己像个不自然的急色鬼。那个人会嘲笑你，对你开一些比起有趣更多是伤人的玩笑。你们曾经拥有过的激情四射的美好性爱早已变了样，现在它是一场赌局、一场竞赛。

那个人会通过抱怨自己没什么兴趣来让你感觉自己丑陋而卑微——比如当他表示自己几周都没动过那个念头的时候，这其中的暗示实在是不能再明显：他这几周都根本没想过你。

　　而当那个人开始制造三角关系的时候，你会很难接受他和别人也能拥有你们体验过的床笫之欢这个事实。在床上拥抱彼此的你们是那么契合，简直灵肉合一。在其他人那里怎么能一样呢？没错，那个人似乎是和你拥有同样的喜好，但是别忘了，这些都是刻意伪装出来的。如果你在床上有某些特定的嗜好，心理变态能够在驯化阶段很快学会。而换了一个目标以后，他们也能迅速掌握相应的新把戏。

　　你在不知情的情况下与一个骗子建立了肉体联系，你们在床上的默契全部建立在谎言之上。很多心理变态的受害者都会在事后责备自己，因为他们无法摆脱那种把他们和施虐者紧紧绑在一起的令人上瘾的性爱体验。但是这不是你的错。在驯化的过程中，你被那个人诱骗着产生了难以抗拒的强烈依恋，而他会把这种依恋操纵于股掌之间，恣意玩弄这种在你体内燃烧的有毒的渴望。

　　你的身体会重获自由的——我向你保证。我们在psychopathfree.com上有一个开明而诚恳的关于性爱的讨论专区。这是遭受心理变态虐待的情感康复中非常重要的一环，也是你疗伤过程中必不可少的一步，毕竟康复是一个身心一体的过程。

过渡期目标

这个版块直接来自我和一位好朋友的对话，所以它可能显得有点个人化，为了面对更多读者，我尽了最大的努力把它修改了一下。这一部分不妨看作一段特别提示，送给那些感觉自己和其他受害者相比像是个一次性替代品的人。

心理变态总是在寻找下一个目标。但是当他们从一个相对稳定的目标移动到下一个时，总需要某件事（某个人）来填补这期间的空虚：一个一旦找到称心如意的新对象就可以直接抛弃的临时目标。如果你不幸被选为了这个临时目标，你所经历和体验的可能和我之前描述的有所不同。哪怕心理变态还没有发现下一个目标，他们也早就明确了不会长时间地和你耗在一起，所以最好还是速战速决。正因为如此，针对你的理想化进程会结束得格外快速，而且还会非常不上心：不在你身上花钱，没有什么特殊的表示和行为，只有花言巧语而已。你会被那个人铺天盖地的好话淹没，并且会迅速投身其中，因为你如此强烈地想相信那些话都是真的。但是到了你终于能看清真相的时候，你会发现那个人的作为从来不会兑现自己的承诺。

但是对你来说，这段感情就是你的一切——因为你获得了之前从未感受到过的关注与欣赏。那个人所谓的痛苦与悲伤，满足了你内心深处的想要给一个你在乎的人幸福的梦想。那个人是那么理解你。在漫长的孤独和失望之后，你似乎终于遇到了自己的灵魂伴侣。

只可惜这一切都不是真的。对心理变态来说，你充其量就是个消遣。心理变态对他们的过渡期目标格外不上心，这种漠不关心会让你以为他们只是比较迟钝。你会试图用自己的爱来感化他们对你的虐待，以期重现那段简短的理想化过程。过渡期目标往往会体现出某种认知上的偏差，试图用自身的推论来揣度某个根本不讲道理的人。但是心理变态的行为实际上都是有目的、有计划的。

而且很快那个令人心碎的时刻就到来了：那个人抛弃了你，不但马上找到了另一个对象，还进展神速。他们搬到了一起住，在社交媒体上发布亲密的合影，一起买东西，一起过着你梦想过的能和那个人共度的日子。你没有得到过任何一种这样的优待，这对你来说简直是莫大的羞辱。简单地说，一旦心理变态在你那里获得了能量，完全取得了对你的控制，他们就会精神百倍地去寻找下一段冒险。

数据表明，绝大多数经历了典型的与心理变态的情感关系的受害者在下定决心做个了结之前，平均会反复回到施虐者身边七次。但是过渡期目标往往并不会这样。以下分别是这两种关系的结束方式。

典型的与心理变态的恋爱关系：

理想化、贬低、理想化、贬低、理想化、贬低（重复）→最终的崩溃点。

而过渡期目标只会得到以下的待遇：

只是包括花言巧语和海誓山盟的理想化阶段→毫无预兆地突然抛弃。

这会让过渡期目标根本不可能陷入困局不可自拔，因为你根本没有其他人经历过的精神暴力的循环可以用来回溯。虽然你肯定也不会想那么做吧，但是你基本上就是从天堂被直接扔进了地狱，被没着没落地撇在那里，根本来不及也顾不上意识到究竟发生了什么。这是可怕的情感折磨，留给你的只剩下尚未消解的、浓烈的感情和恶劣的抛弃行径。

心理变态对每个目标都会用上他们那套斗智游戏——这一点他们改不掉。但是区别在于，过渡期目标不会体验到"全套的"理想化进程，不会得到最终爆发之前的那些时间和稳定。这是因为心理变态从来没想过让过渡期目标成为自己生活中相对稳定的一部分，他们只是想要从你身上榨取一点自己当时需要的东西：仰慕和关注。

但是他们也会意识到，你是一个心智健全并且直觉敏锐的人。你会翻开这本书并不一定是意外的心血来潮——而是因为你在寻求真相，你一定要搞清楚自己身上发生了什么。

心理变态只会在看不穿他们的恶行的目标那里安顿下来。如果你正在读这段话，就说明你永远不会成为心理变态长期安身的对象，因为在几个月、几年乃至于几十年的时间里，你看透了那个人的画皮，那个人需要的则是一个永远无法与其匹敌的对手。

从一方面来说，相对稳定的长期目标对心理变态很有用，因为他们的谎言和背叛不用担心被揭穿；但是从另一方面来讲，他们也会因为自己的画皮没有被看穿而暗自怨恨这样的目标。这听上去很奇怪，是吧？心理变态和他们的长期对象在一起时虽然会假意营造一种完美而幸福的表象，他们实际上更喜欢具有高度同情心的人带来的刺激——这样的人能真正体会到他们残酷的思维游戏带来的苦痛。但是心理变态基本留不住这样的人，所以他们只能在过渡期从这种对象身上寻求短暂的刺激，就像是在安顿下来之前再狂欢一把。（虽然不时也会出现心理变态和具有高度同情心的人共同生活好几年的案例——我们的论坛上就有好几个，他们维持和心理变态的关系通常是因为有了孩子。但是这种相处模式最终往往结束于无情地抛弃。）

很多受害者都分享过那种奇怪的追求过程：看似是用爱情轰炸，却从来没有过可见于那个人与前任或者下一任的那种真正的求爱期。你和那个人在一起的时间比前任或者下一任都要短，是不是？你的体验是一段短暂得多的冲刺，在理想化阶段中途戛然而止，结束还往往伴随着恶毒得难以置信的自我同一性侵蚀。而当那个人和下一任一起安顿下来的时候，你会对他居然有和某个伴侣共度好几年的能力大感意外，因为那个人似乎和你在一起几个月就撑不住了。

这正是关键点所在——心理变态一般来说和具有高度同情心的你就是处不长（除非有孩子），因为你倾向于吸收那个人释放的毒性。没错，让你五体投地，把你变成头脑游戏中完美的奴仆的确会让那个人感觉很刺激，但不利的一面是，你会在完全无意识的状态下把吸收的毒液直接喷回那个心理变态脸上。你当然并不想毁掉理想化过程，但你就是无法让自己不去揭穿那个人的谎言和恶行。

过渡期目标和追求真相的目标能识破心理变态的伎俩，能看穿他们恶劣的内心。心理变态虽然嘴上不会承认这一点，对能看透他们本质的人却总是抱有一些恶毒的敬意。这也会让他们更加憎恶那些看不穿的人——哪怕只有和这样的人才能维持长期关系。这也是为什么在恋爱的游戏中他们总是在失败之后重新制定规则，他们也要说服自己，让自己相信做出的选择都是正确的。

因为事实就是心理变态总会长期安顿下来，所以在安顿之前他们得先毁掉你，好证明自己失去的东西并没有什么特别的。所以为什么不让你自我毁灭呢？这样他们自己也能摆脱那纠缠不休的怀疑了。

而从你的角度看呢，这也是为什么你会在事后感觉那么愤怒、怨恨。你分明做了那么多，你分明被他们虚假的赞扬鼓舞过。那个人哪怕一开始就是个浑蛋都好啊，这样你至少能知道没必要付出那么多感情。但那个人不是，他用承诺给你洗脑，让你源源不断、不辞辛苦地付出。所以一旦这些付出没有得到珍惜——反而被用来糟践你——你肯定会觉得既崩溃又空虚。而后你很快就能看到那个人和其他人牵着手、主动埋单、和别人搬到一起生活……这会让你想到："嘿，看来那个人还是可以踏踏实实地长期过日子的啊，可能还是我的问题吧。"

不，这不是你的问题，这永远不会是你的问题。

刻意激起你的防御状态

如果你正在和一位心理变态纠缠，一般来说他会在一些时间点上把一些毫无根据的指责强加于你——特别是如果你开始把上文提到的示警红旗和那个人的作为对应起来。这些指责有一个非常明确的目的：激发你的自我保护意识，让你处于反抗的姿态。

那么他这么做又是为什么呢？

其实答案比你想象的要简单很多，自我保护的人看起来往往比较不占理，到底是谁的错似乎就显得不那么重要了。一旦某人开始激烈地捍卫自己，加之于此人身上的观点与指控基本就坐实了。这公平吗？你我心里都有答案。但是人们的看法往往就是这样。我们不是没见过这个效应毁人一生的例子——一个被错误地指控为强奸犯的男人可能一辈子都摘不掉这顶帽子，哪怕他实际上是清白的。不论事实如何，都再也不会有人信任他了。

所以当心理变态开始对你胡乱攻击的时候，你会不假思索地在这些荒谬的指控面前为自己辩护。你怎么能不为自己辩护呢？有人在往你的头上泼脏水——这么做的还是那个本应该爱你的恋人。可是如果你试图证明那个人说错了就是落入了圈套，这也是心理变态诱导你走向自我毁灭的开始。

因为这种时候心理变态只需要轻松地看着你的表演就好了，他可以平静地指着自己歇斯底里的受害者说："啧啧，这个可怜的疯子……"心理变态会刻意激起你的愤怒，然后利用它来证明他之前强加于你的观点的正确性。

你可能会试着揭穿那个人的谎言："那是在撒谎！我有证据！"或者"那个人背着我在外面有事儿，我有证据！"再或者是"那个人跟之前十个前任都干过同样的缺德事儿，我有证据！"但问题是，没人会在意你到底有没有证据。外人看到的只有你绝望地试图为自己辩护的样子，这让你看起来就像真的有错一样。

你必须牢牢记住这一点：辩解只会让事态变得更糟糕。你要知道，在这种时候"少即是多"。你认为自己已经想出了针对那些无理诽谤的最佳回应吗？没错，心理变态等的就是这个。实际上他们精心打造的抛向你的污蔑就是为了引出你的最佳回应，他们会攻击你最为珍惜的东西，因为你一定会拼尽全力捍卫它们。

你千万不要想错了——他们就是故意这么干的。

心理变态引诱你落入这个思维陷阱最简单的方式就是把他们自己干的事安在你头上，因为揭穿这条谎言对你来说太简单了——对，心理变态要的就是这个效果，太简单了。如果你相信自己能对那个人的混账话完美反击，先想想这一定是有原因的：因为这是心理变态布置好的陷阱。千万不要上当，他们就是想要让你进入防御状态，让你试图向所有人证明你没有错。一旦你这么做了，就实现了心理变态的目标。

厌倦

在事事不顺的一天过后，你肯定有时候真的只想一个人待一会儿，让自己沉淀一下，把这一天的头绪慢慢捋清楚。你可能有一些用来打发独处时间的爱好，比如手工、写作、烹饪、冥想、绘画，哪怕只是做白日梦。或者有时候你可能只是想在忙了很久之后一个人好好打个盹。我想说的是，不管你是内向型还是外向型，所有人都需要时不时留点时间给自己，都会有想一个人待着的时候。

不过心理变态除外。

能让心理变态发自内心地感到焦虑不安的事物寥寥无几，但独处绝对是其中之一。由于缺乏自省精神，他们独处的时候往往没什么好想的。而一旦没有人把爱慕和关注拱手送到他们眼前，他们很快就会感到无聊、厌倦。

实际上心理变态总是处于无聊的状态之中，因此他们才必须到处寻找刺激来分散自己的注意力。他们不能忍受哪怕是稍微长一点的独处时间。正常而健康的人都在成长过程中学会了享受宁静和在独处时自省——这正是我们发掘自己身上一些重要的品质的方式。但是心理变态实在是没什么可发掘的，他们的空闲时间都用在研究别人以及复制别人身上的特质上了。移情作用和情感共鸣赋予了我们想象力与创造力——这是人类身上最美好的两种品质，但是心理变态对此就只能机械地模仿。

在那些自称反社会者聚集的论坛上，经常能够见到关于如何打发难熬的无聊时光的讨论。而毫不意外的是，这些讨论的答案往往都和性、酒精、毒品以及操纵他人有关。

对心理变态来说，谈恋爱可能是最为稳定、可靠的排解无聊的方式了。因为一旦目标上钩，他们就能随时向其索取赞美、注意力、崇拜。而等他们物色好了下一个目标，他们就会开始对你进行情感虐待来取乐，因为这可比假装爱你要有意思多了。看着你像迷宫里的耗子一样没头没脑地到处乱撞，是他们让自己脱离无聊至极的生活的最有趣的调剂。而理想化阶段只是心理变态无聊之下的副产品——那不过是为了能把你控制在股掌之间想折腾多久就折腾多久而采取的必要措施。

在你们的恋情存续期间，你可能会经常感觉很累。因为在蜜月期结束以后，你似乎就没什么机会一个人待着了。你总是得和恋人以及他们的朋友们一起打发时间，你们的日程表总是排得很满。心理变态喜欢拿出一副孩子一样天真的面孔，好让自己能经常被一群像爹妈一样爱替他们操心的人簇拥着，这样在他们需要的时候这些人能及时出现在他们身边，随时给他们提供支持。

这些人的作用也不过是缓解心理变态的无聊而已，而且人越多越好。最开始心理变态还有可能当着你吐槽他们，但是一旦你被锁定在恋情之内，恶情人就会开始故意在你和他们之间摇摆，让每个人的心都提到嗓子眼。可是不管他们到最后选择了哪一头，有一点是不会变的：反正他们就是不愿意一个人待着。和在房间里一个人傻坐一个小时比起来，很明显还是故意给你找点不舒服，然后观察你的反应更好玩。

最可怕的厌倦到了最后才会来临：那个人总有一天也会厌倦你。你身上的一切在他看来都会变得无聊透顶，当你挣扎着试图重新获得关注时，你会意识到自己身上所有曾经被爱慕过的品质突然都成了缺点，不论你做什么，那个人曾经只看得到你的视线都不会再落到你身上——你曾经是那个人的无聊唯一的解药，但是那段日子已经一去不复返了。

可是哪怕那个人开始对你很不好，你也会希望能夺回他心里"头号消遣"的位置。这没什么不正常的，因为一旦你意识到了理想化进程的结束，在那种情况下你能想到的最好的选择，大概就是拼了命也要确保至少自己还是能取悦那个人，是能供他娱乐的存在。

是啊，我们的标准就是会被心理变态扭曲到这种程度。

精心掩饰的流言蜚语

心理变态总是说自己最恨无事生非的戏剧性事件了，但是在相处过程中，你会逐渐发现谁都没有心理变态本人爱给自己加戏。当然，按照他们的说法，这些肯定都不是他们的错，完全是因为总有人对他们爱得太过，总有人对他们不好，总有人为他们痴狂，这对他们来说多不公平啊。

但是当我们逐渐揭开心理变态的面具时，就会发现事实根本就不是那么回事。

事实是心理变态本人在不厌其烦地挑起是非、不和以及攀比。他们和普通的戏精最大的不同，就是他们装无辜的能力特别高超。他们要做的不过是巧妙地稍微挑起个头，然后就可以袖手旁观地看好戏了。这就是所谓"精心掩饰"的功效。

他们会通过窃窃私语在每个人心里都埋下小小的恶毒的种子，对每个人都是当着面捧上天，背地里踩到底。"踩"或者"吐槽"其实并不能传达心理变态嚼舌根的本质。他们不只是想说别人的坏话，更是要通过这些坏话让自己看起来像是受害者：别人总是在误解他们、错待他们。所以比起一个爱在背后论人家短长的碎嘴子，心理变态的形象更接近于一个被所有人伤害的可怜的受害者，而如果你是他们唯一可以抱怨这些事情的那个人，你可能会觉得自己一定是个特别的存在。（当然，这也是他们扭曲我们的标准的体现。）

但是总有一天，你这个倾听者的角色也会变。

总有一天，你也会成为那个人故事里的反派——那个给他带来伤痛的人。一旦你们的关系开始逐渐瓦解，这个过程就必然会出现。那个人开始回到那些他曾经当着你抱怨过的人面前，并对着他们哀叹你现在变得多么疯狂。这种行为为心理变态赢得的同情，会帮助他在投向下一个目标的怀抱时规避任何有关出轨、不忠的指控。

当你还和那个恶情人在一起的时候，你可能会不喜欢——乃至讨厌——某些你从未谋面的人。这难道就和那个人总在你面前抱怨这些人一直爱着他、想得到他、在感情上虐待过他，而又对你万分嫉妒没有必然联系吗？随着时间的推移，这些言论会在你内心深处积攒起庞大的负面情绪和嫉妒心——比你在健康的情感关系中能体验到的多得多。而且可悲的是，你带着这样的情绪看别人，别人也会带着这样的情绪看你。

控制狂测试

　　如果你想分辨控制狂和真正善解人意的好人，那就多多留意他们在恋爱中提及他人时的态度。和善而正派的人往往会致力于让你知道，他们的家人与朋友也对你抱有好感和善意；但是控制狂总是想要营造三角关系，他们通过刻意对比来激发矛盾和妒忌。控制狂对你说的悄悄话，都是他们的某位朋友、前任或者家人对你特别嫉妒，甚至说过你的许多坏话。你要记住的是，他们怎么在你面前编派那些人，就会掉回头去在那些人面前怎么编派你。所以你要经常问问自己：这个人的行为是在维持人际关系的和谐呢，还是单纯的无事生非？

　　当然，那个人的朋友们和前任们并不会和你当面撕破脸的，你们面对面时总还能让友好的微笑保持在脸上。但是在内心深处，每个处于心理变态的魔咒掌控之下的人微笑之下都掩藏着对他人的愤恨。而且这种愤恨是没有什么合理解释的——你们就是被刻意摆成了彼此针对的姿态而已。在心理变态博取戏剧性和注意力的棋局上，你们都不过是些冲锋陷阵的小卒。他会巧妙地安排两任目标之间的距离，远到你们无法互通消息，又近到你们知道彼此的存在，各自为自己在那个人身边的位置感到不安。

但是你要记住他们都并不是坏人，这可能让你依旧和恶情人在一起的时候非常难以置信。可是他们的确都是像你一样的好人，他们像你一样被心理变态毒害、洗脑，认为身边其他所有人都坏。真正善解人意、懂得移情的恋人会努力在伴侣的朋友们面前留下积极的印象，并且会因为能和他们缔结友谊而开心、激动。你在和恶情人的交往初始可能也是这样，但是恶情人的三角关系和流言蜚语会让情况恶化，你体验到的负面情绪会越来越多。你没准会开始责备自己，认为自己在无意中居然成了个满腹怨恨的醋坛子。

这是因为你被心理变态营造的"现实"裹挟了——他们的谎言与流言开始曲解你对现实的认识，因为你只能在以下两种"真相"之间做出选择：

1.那个恶情人是正常的，而其他所有人都嫉妒、坏心眼、自私自利。

2.那个恶情人嫉妒、坏心眼、自私自利，而其他所有人都是正常的。

　　在理想化过程中，我们自然而然地会在猛烈的爱情攻势之下选择相信第一种。因为那段日子的感觉太美妙，我们会开始围绕着这个"灵魂伴侣"建立新的现实：他是完美的，一切都是完美的，生活是多么美好啊！但是一旦那个人精心掩饰的流言蜚语开始传播，我们营造的现实也开始逐渐改变模样。为了能继续生活在那个梦里，我们只能相信恶情人是诚实的好人，而他口中流传的一切闲话一定都是真的，其他人一定都是嫉妒、坏心眼、自私自利的恶人。因为如果我们不能让自己相信这一点，那时我们依旧爱着的恶情人就成了骗子、碎嘴子和控制狂了。

　　你把这个"现实"塑造得越强大，就越难从中脱离：它越来越像真的了，那些人好像的确在针对你——这正是心理变态希望你能感觉到的。你的全部幸福感都将建立在他一个人身上，而且维持这种自欺欺人的对现实的认知会让你不得不制造很多借口和解释，从而让自己维持防御和否定的姿态。这对于分散你的注意力、扰乱你的视听特别有效，你会很难意识到那个可怕的现实：那个捧着你的人才是你真正的敌人。

　　只有分手以后，我们才被剥离了方才提到过的第一种选择——因为它真的就是个幻象而已——不得不直面真正的现实。这会让我们受到巨大的打击，感觉空虚而绝望。没有了那个幻象，我们好像失去了一切：那个世界上最好、最完美的恋人离开了，而其他所有人都不能相信，我们是真正意义上的一无所有、无依无靠了。

但是我们在努力恢复的过程中总会体验到来自他人的小小的信任与善意。这正是上文提到的"恒定量"可以发挥作用、改变人一生的时刻。因为这时候我们重新体会到了在真心对自己好的人身边是多么舒适，感觉到了和不恶意评判、不玩三角关系、不传播流言的人一起消磨时光是多么自由。这会让我们放下消极情绪，不再用它和全世界作对。

最后一切都会回归正轨。

之前说到的第二种现实增强了，而第一种选择不再可信。你认识到那从来不是一场你和恋人携手对抗世界的战役——那只是你的恶情人在针对你。你开始理解你曾经不喜欢的那些人，并与他们和解。你内心的冲突也会随着远离心理变态的谎言之网，重归真正的现实而逐渐消解。你天性中的慈悲和同理心会重新在心底苏醒，那个恶情人为你捏造出来的偏执妄想终将被真诚的信任取代。这些那个人为你营造的干扰最终都会消失，而你也终于可以关注真正的问题所在了。

把三角关系作为折磨人的手段

　　为了把你捆绑在身边，心理变态会营造一种"我很抢手"的光环——那种很多人都想要得到他的印象。这会让你把成为那个人关注的重点视为骄傲的资本，因为你是战胜了一大群竞争者才赢得了他的。心理变态会通过大量异性友人来营造这种受欢迎的假象：围绕着他的可能有异性朋友、前任以及你的潜在替代者们。他会在这群人之中制造三角关系，一方面引起冲突，另一方面让自己看起来更有价值。（引自罗伯特·格林的《引诱的艺术》）

　　心理变态乐于建立三角关系，让自己被潜在目标们包围，刻意营造竞争关系来让自己看起来一直特别受欢迎。有些目标存在的意义只是为了让你嫉妒，而另一些可能就是为了替代你而做的准备。那个人可能曾经恨不得按分钟给你发短信，说你是最完美的灵魂伴侣，此时却会抽身离开，并且把一模一样的关注倾泻在其他人身上。这会让你更加努力，拼命地想把那个人赢回来——而注意不到他只是在玩弄你。而与此同时，心理变态的下一个目标会很快上钩，并且相信你如同那个人说的一样"疯狂""躁郁"以及是个"虐待狂"。但是哪怕在新目标面前把你抹黑到了这种程度，心理变态关起门来依旧会奉承你，给你坚持下去的希望，他会一直吊着你，直到你们的感情被宣判死刑的那一天。

　　但是我继续之前必须明确：人们会恋爱也会失恋；在恋爱走到尽头之前或是之后，人们都有可能找到新的情感；人们可能在恋爱关系中做出背叛行为……这些都是正常的现象。而我们在这里讨论的并不是这些正常现象——哪怕它们也是同样的不公平。我在这一章节中要关注的是心理变态用以折磨与控制目标的特定的行为模式。

　　心理变态就像掠食者一样，时刻寻求着力量与控制。他们希望在精神和肉体方面都对恋人进行全面的掌控，并且会通过挖掘对象的弱点来实现这一点。这也是为什么在恋情初期那个人会用关注和奉承对你狂轰滥炸——因为不管你是多么强大和自信，"爱"都会让你变得脆弱。心理变态并不需要用肢体上的暴力来控制你（虽然他们中的有些人的确会动粗），而是通过爱情的幻影来消磨你的意志。这一点让旁观者口中的"你为什么不直接离开那个人呢"听起来格外伤人。因为当你进入这段关系的时候，你期待的并不是这些虐待、贬低与批评。你想要的是爱，你在那个人的欺骗下拿出真心去恋爱了，而爱是人类最强大的情感联系。心理变态可是深知这一点的。

　　所以心理变态到底是怎么利用"爱"作为工具来掌控自己的目标的呢？三角关系正是他们最爱用的手段之一。当我提起"三角关系"这个概念的时候，很多受害者都会直接把它和心理变态的下一个目标画等号，不过实际上不完全是这样。心理变态用来让自己显得受欢迎，并且让你对他们着魔的三角关系可以用在任何人身上，包括：

你的家人；

他们的家人；

你的朋友们；

他们的朋友们；

前任们；

可能成为下一任的人们；

根本就不认识的人。

心理变态影响他人的能力是难以匹敌的。让人们互相针对会给他们带来激烈的喜悦，特别是当人们是在为了他们而争斗的时候。恶情人会为你特意营造一些激起嫉妒、让你质疑他们的忠诚的情境。在正常的情感中，人们总会想办法证明自己是忠诚的——而心理变态做的刚好是这件事的反面。他们会不断地向你暗示自己随时有可能去考虑新的选择，或者和别人一起打发时间好让你一直难以平静。而每次你提起这种事，他们又会全盘否定，然后指责你神经过敏、想太多。

问题在于，由于心理变态是通过那种方式把你吸引进这段恋情里的，你可能早就习惯了他们倾注大量的注意力在你一个人身上，所以当他们的注意力旁落时，你会感到既困惑又好像受到了冒犯。心理变态知道你会这么感觉。他们会刻意"忘记"和你在一起的安排，然后和他们经常在你面前抱怨的朋友们一起打发几天时间。他们会故意无视你，然后把更多时间花在家人身上，哪怕他们自己告诉过你家人都是浑蛋。如果那个人家里刚好有人过世，他会到某个前任——而不是你——那里寻求安慰，然后告诉你这都是因为他们之间有着你理解不了的"特殊的友谊"。而该前任往往是——如果不是永远是——那个在你的恶情人口中既虐待狂又精神状态不稳定的人。

从你之外的其他人那里寻求注意力、同情和安慰是心理变态常用的策略。作为有同理心的人类和那个人的伴侣，你当然会认为他原本应该向你寻求慰藉。过去治愈那个人的也一直是你啊，为什么现在就变了呢？那个人曾经告诉你自己遍体鳞伤，只有你才能让他重新幸福起来，而现在他居然转投入私人的友谊和昔日的恋情，并对你宣称"你永远理解不了这些"。更糟的是，那个人还会确保你能直面这一切。

这就把我们引向了下一个话题：社交媒体。

科技使得心理变态营造三角关系来得更容易。他们会给某个前任的一条评论点赞，却假装看不见你的；他们会"不小心"上传一张他们拥抱某位自己亲口说过讨厌的前任的照片到相册里。一切似乎都是无意的——至少你经常会把它归因为那个人不够敏感或者细心。但是千万别搞错了，这些都是仔细计算过的。

心理变态会富有策略性地发一些让人生疑的状态、歌曲和视频，暗示你不是没有"失去"他们的可能。他们会刻意在社交媒体上分享一些能引来前任或者新目标的东西——比如一个只有他们和某个新目标才懂的笑话，或者包含他们和某位前任回忆的一首情歌。这么做能同时达到两个目标：让你感到孤独、焦虑和嫉妒；让你的竞争对手感到自信、被爱和特别。他们一面按照自己的需求驯化别人，一面抹杀你的自我同一性与自信——这是一石二鸟。

那个人就是刻意想让你就这些社交媒体上的事情与他对峙，因为这些事情太小了，小到你会在意就足以让你看起来既疯狂又嫉妒。而心理变态只会平静地给每件事都找一个借口，然后抱怨你多事。这种精心掩饰之下的情感虐待是很难被证明的，因为它总是显得非常模糊、暧昧。你无法证明那个人主页上的一首歌真的就是为了招前任而发的，虽然你凭直觉知道一定就是这样。这正是心理变态让你发疯的手段，因为咱们说实话，拿脸谱状态和评论说事看起来是挺幼稚的。那个人就是打算让你觉得自己很幼稚可笑。

和心理变态还能"做朋友"的前任不会意识到自己也不过是傀儡而已。他们反而会以为自己在为了伟大而美好的友谊履行天职——做那个永远在那里支持朋友的人。他们不会知道，那个人保持和他们的交往只是为了在无聊的时候找点调剂。他们也不会意识到，自己是引发不少争吵的根源——不是因为他们和心理变态的友谊有多么特殊或者宝贵，而是因为心理变态会拿这种友谊用作挑事的媒介。心理变态会让前任们相信，他们的友谊是光明正大又非常独特的，虽然实际上他们也不过是三角关系中的一环而已。

　　心理变态似乎总有办法让喜欢给予的人围绕在自己身边——那些因为缺乏安全感，所以想要通过照顾他人来获得自我价值的人。这正是为什么你的付出会显得既微不足道又随时可以被替代。而那个恶情人还会对和你截然不同——甚至完全相反——的人们表现出欣赏和兴趣。这一行为传达出的信息非常明确：你对他来说再也没什么特别之处了，你随时能被换掉。哪怕你不能给他足够的崇拜，也有的是人崇拜他。而且就算你的确给了他正能量，他也早晚会对你感觉厌烦。那个人不一定非得要你不可，他有的是亲友团在身边，给他仰慕和宠爱，这会让你以为他一定是个很棒的人。但是如果你仔细看看那些人，你很有可能会注意到，这些"粉丝"之间似乎总有着一丝难以言喻的可悲的气息。

　　三角关系的最终阶段会发生在那个人决心抛弃你的前夕。只有到了这种时候，那个人才会直言这段感情有多么让他受伤，他是多么难以承受你的行为。心理变态会经常和密友提及你们的关系，并且讲得事无巨细，让对方也相信这段关系是不正常的。而与此同时那个人还会刻意无视你一条接一条发来的信息，让你不由得怀疑为什么他就是不能和你谈谈自己对这段恋爱的看法，因为和他谈恋爱的毕竟是你啊。

　　原因其实很简单，因为那个人已经决定抛弃你了——所以现在他就是只想折磨你而已。心理变态只会向能同意他们观点的人寻求建议。那个他们与之畅谈恋情中的困境的"朋友"，很有可能就是下一个目标。

在心理变态的恋爱三角中主要有三个角色。不论是面对其中哪个角色，心理变态都必须换上相对应的一副面貌，按照特定的方式行事。这三个角色分别是：

1. 你

正常人出轨被发现的第一反应肯定是羞愧难当，而心理变态巴不得你能发现他们的不忠——虽然他们肯定不会承认。他们常用的方式包括公开与别人调情（通常是在脸谱上），对你唠叨有多少别的人想跟他们睡，而你一对此做出反应马上就会被指责为嫉妒多疑。和你在一起的时候，心理变态总是表现得遮遮掩掩、暧昧不清、居高临下，并且无论如何都要让你在这段恋情中保持疑神疑鬼的状态。

2. 新目标

心理变态在这种时候还不会开始折磨他们的新对象，他们反而会把你即将到来的自我毁灭用作吸引新猎物的诱饵。一旦你走向崩溃，你那些绝望的短信就能被拿来向新目标证明你的疯狂，从而轻易换得同情。心理变态会把那个新目标高高供起来，会对新目标阐述他们现在感觉多么幸福。而新目标会因为自己能成为把那个人从虐待狂伴侣（也就是你）手里解救出来的人而扬扬自得。心理变态在这个场景中会换上一副貌似纯真的面具——被你迫害而又亟须被从你手中拯救出来。与此同时他们会对新目标感恩戴德，把他们夸成那个帮他们重新寻回了快乐的人。

3. 亲友团

心理变态总是严密监控着自己的朋友圈子。因为观察力再不敏锐的人在有情变发生的时候也能发现，因此心理变态不会高调地出轨或换人，而是会更加小心谨慎。他们会和朋友们关于当前这段"伤人"的感情进行严肃的交谈，并在这个过程中用流于表面的赞美、奉承来保持友人的忠诚。这是他们在提前止损，这样就算明着出轨也能有人替他们说话。当他们带着新猎物出现秀幸福的时候，会希望亲友团能拿出更热烈的掌声和欢呼声。而这些来自朋友圈子的支持会让你目瞪口呆：怎么会有人支持这样的人、这样的行为呢？再被亲友团环绕的时候，心理变态会搬弄是非、施展魅力、骗取同情，并在愉快地展示新猎物时欣然接受他们渴望已久的支持与祝贺。

拥趸

不管对恋人和伴侣有多不好，这种恶情人往往都有一群忠实的拥趸，他们的每个行为都会有人叫好。这些成为拥趸的人往往都被心理变态浅薄的奉承蒙蔽了双眼，沦为被操纵的工具。心理变态的亲友团经常换血，因为心理变态的友谊既不深厚又没有意义。他们想要的只有关注和喜爱，任何不能继续提供这些无脑支援的亲友团成员都会被替换掉。

想想那个人为了达成这种效果需要多少计算和规划，心理变态狡诈、冷酷，且对自己的行为有着极其清晰的认知。只是为了让你开始质疑自己的理智，他居然能拿出三种不同的人格来！

正常人在分手之后往往不会急于进入下一段关系，就算真的有了新的情感，他们也会因为羞愧而遮遮掩掩。但是心理变态恨不得马上就把自己和新对象在一起的快乐昭告天下。更出人意料的是，他们会希望你也为他们高兴，否则你就是既嫉妒他们又怀恨在心。

在这个阶段，心理变态会像分拣邮件一样评估你的行为。如果你屈服于他们，乞求他们回心转意，他们没准还会在你身上找到一点价值，因为你的行为既让他们鄙视又能逗他们开心。而如果你选择反击，开始揭露那个人的谎言，他就会竭尽全力去摧毁你的意志，直到你崩溃为止。哪怕你在那之后又想试图回到那个人身边，甚至为自己的行为道歉，你也已经永远地上了那个人的黑名单——因为你居然敢用言辞对他进行反击；因为你知道得太多了——你看到了面具下那个掠食者的真面目。

而就算你们的恋情结束了，你也无法摆脱那个人营造的三角关系，他还会用这种关系把你逼向疯狂。那个人会带着新对象在你眼前晃，在社交媒体上又晒照片又秀幸福。心理变态不仅仅是想用他当前的幸福来刺激你，更想让你开始仇恨那个新目标，让你把关系的结束怪罪在那个新欢身上，从而忘记真正虐待过你的人是谁。

所以你要如何在这样的情感虐待面前保护自己呢？首先，你必须学会尊重自我。在本书后面的章节里我还会更细致地谈到这一点。但是你至少要有这么一个底线：你要知道在恋爱关系中，哪些行为是可以接受的，哪些行为是绝对不能接受的。你应该知道，你的时间不应该浪费在一个以欺骗和对抗为常态的伴侣身上。你永远不应该用认为自己发了疯来解释那个人捉摸不定的行为。当然，在那种隐蔽而微妙，缓缓把人推向疯狂的情感虐待面前，想要做到这些也并非易事。

所以我要在这里向你介绍所谓的"大侦探守则"。这是一条很简单的规则：如果你和某人的交往变得像侦探破案一样扑朔迷离，那就说明你应该马上把这位请出你的生活了。想想你的"恒定量"，和他在一起的时候你需要像侦探一样进行推理和调查吗？你需要像网络跟踪狂一样监控"恒定量"的社交媒体主页吗？你的"恒定量"说的话、做的事需要你反复核实吗？答案肯定是否定的。如果你在恋爱关系中需要这么做，那就说明驱使你这么做的理由并不是你自己出了问题，而是你的恋人身上有太多事情让你生疑。

哪怕这种疑虑看起来既模糊又不怎么合理，你还是应该相信自己的直觉。如果你对自己的想法既忧虑又怀疑，不如直接停止对后果的预判，直接采取行动。你会发现你每消除一点那个具有"毒型人格"的恶情人在你生活中留下的痕迹，你焦躁的疑虑就会奇迹般地随之消减一分。因为只有你自己知道别人是不是在伤害你；只有你自己知道什么对你来说才是最好的；只有你自己有权利决定你喜不喜欢和某个人待在一起时的感受。除了你自己，任何人都没有权利判断你的感受是否正确。请牢牢记住这个问题：你今天到底感觉怎么样？这个问题的答案是你唯一应该在意的东西。

大侦探

当我们和骗子与控制狂纠缠不清时，我们往往会发现自己在扮演近似于"大侦探"的角色。这是你的直觉在提醒你，你调查的那个人身上有着很大的问题。出于某些原因，那个人的行为永远不会和言论一致，你总是能看到他为自己开脱并指责他人，但他讲的故事却很难自圆其说。那些让你迷失在其中的、令人困惑的对话到最后往往结束于你被贴上"嫉妒""神经过敏""妄想狂"之类的标签。但是当这一切都结束之后，回头看看那些被拿来当作你发了疯的例证的事件，你会意识到那都是厚颜无耻的谎言。那个人的每一个借口，都是为另一次欺诈、背叛或毫无意义的谎言（就是骗骗你逗自己开心的那种）做下的铺垫与掩饰。心理变态实在是进行这种隐蔽的虐待的高手，他诱导着你进行这种挖掘谎言的寻宝游戏，从而让你对自己曾经随和、悠闲的本性产生更深的怀疑。

三角关系不仅会给你留下持续性的感情创伤，还会让你误以为自己是个贫瘠的内心中充满嫉恨与不安全感的怪物。为了治愈这种创伤，你首先要认识到那些不安全感是人为诱导而成的。那不是真正的你——那时候的你是被人操控的。真正的你是个和善、有爱心、思路开阔、富有同情心的好人，你再也不需要怀疑这一点了。

沉默

沉默是心理变态用来抹杀你的自尊心的最有力的武器。这是精心掩盖之下的残酷惩罚，是一种用根本看不出过度的控制欲的方式操控你的行为发生改变的巧妙手段。当善解人意的人被沉默以待时，他们会陷入带有自毁倾向的胡思乱想之中，并且认为可能自己做的每件事都是错的。而为了规避同样的错误再次出现，他们会开始逐渐削弱自己的全部性格特质。

沉默对待是一种异常残酷的精神虐待——因为它本质上是驱使着你与自己的思维对抗。你不得不向自己的直觉和对真相的全部认知宣战。一旦对你的自我同一性的削弱达到了心理变态期待的程度，他们就会拿出这项手段来作为最后一击，让你彻底失去抽身离开的机会。你会在沉默处理中自我折磨，替你的施虐者完成剩下的情感虐待过程。

那个人只需要让你一个人面对自己的思想就够了，顶多再在社交媒体上放一些微妙的小线索来刺激你，让你胡思乱想得更厉害。你会仔细回溯恋爱期间自己做过的每一件事，并为自己的情绪和感受而自责。你可能会在午夜时分心脏狂跳着醒来，期待着能收到那个人发来的一条短信。但是短信不会来，什么都不会有。你登上脸谱，看到那个人分明和朋友还有前任之类都有着积极的互动——那个人不是没有时间，那个人只是不想理你。

　　但是你还必须要对那个人一连好几天都不理你的行为表示理解和宽容，哪怕在你们刚刚谈恋爱的时候那个人曾经恨不得每个小时都给你发条短信。你觉得自己似乎处于某种缓刑考验期，可是你根本就不知道自己到底做错了什么。这会让你拿出一些消极的攻击性来，起草好几封长长的邮件来抱怨那个人行为的变化和对你的冷遇。你可能真的会认真地想到提出分手，但是这些念头过不了多久就会过去。于是你索性相信自己也可以反过来冷落那个人，你努力维持镇定，假装一切正常，让自己看起来神经没那么紧绷，试图在互相冷落比赛中赢过对方。但是胜算从来就不可能在你这边，因为那个心理变态也根本不需要你的注意力——他早就找到其他人来替代你了。没错，如果你的恶情人一连冷落了你好几天，这就差不多能说明他一定是找到了下家，因为如果不是这样他就会继续关注你了。这时的你对那个人来说只是一块绊脚石而已。那个人找到了新鲜的刺激，而你的感情就像是他奔向新目标的路上那些招人烦的减速带。但是心理变态是不会把这些说出来的，他只是继续读着你那些绝望的短信，却从不回复。他会猛烈抨击你的疯狂和紧张，指责你实在是令人生厌。除非一切都依着他的节奏来，否则不管是当面还是通过电话的讨论全部免谈。这时的心理变态已经不再掩饰对你的虐待，他就是在赤裸而直接地羞辱你。

　　即便如此他也不会踹了你的，至少这时候不会。心理变态在等待合适的时机。

大结局

心理变态一定会精心选出最离奇、最令人心碎的方式来抛弃你。他们会一边修饰、驯化自己的新目标，一边期待着你自我毁灭。他们会通过毁掉你来让自己心安理得地相信新目标更好。但最重要的一点是，心理变态想要毁了你是因为他们恨你。他们恨之入骨的是你的同理心和爱心——那些他们只能每天假装自己拥有的美好品质。他们把你摔得粉碎、踩进尘埃，不过是为了让那挥之不去的、吞噬着他们灵魂的空虚带来的刺痛感得到短暂的平息。

余波

心理变态总是会依附于成功的人，并趁机窃取他们通过辛苦努力挣得的东西。如果你事业有成，心理变态就会心安理得地啃你的收入，并拒绝出门找工作。如果你有一群好朋友，心理变态会通过蛊惑让他们成为他自己的亲友团，并从此永远和你对立。心理变态会像寄生虫一样榨干你生活中拥有的一切，一旦你不再有利用价值了，他马上会去寻找下一个宿主。

通过精心的计划，心理变态会刻意选择最伤人并且最令人不解的方式抛弃你，让你感觉自己简直毫无价值。然后你还得眼睁睁地目睹着那个人美好的新生活在你面前展开，让你完全搞不明白自己都经历了些什么。那个人给分手找的那些冠冕堂皇的借口都毫无意义，更不能自圆其说。回顾一下这段感情，你会发现那个人没有对你们的关系做出任何实质性的贡献——只有用来掩饰他那种寄生虫一样的生活方式的空洞的赞美与奉承。心理变态走过的道路上，能留下的只有痛苦、困惑和混乱。

心理变态的分手专用备忘清单

心理变态总会准备好一个新目标当作当前伴侣的替代品。但是他们才不会满足于简单地结束一段旧感情并开启新生活，他们总得把以下这个清单上列举的事情都做一遍。

1. 模糊地暗示自己对别人有兴趣。

2. 重复步骤1，直到你终于做出反应为止。

3. 冷静地指出你在嫉妒，而且神经太过敏了。

4. 因为你在嫉妒并且神经过敏，所以对你进行沉默处理作为惩罚。

5. 重复步骤4，直到你终于开始陷入自毁情绪为止。

6. 用你的自毁倾向让新目标相信你疯了，这样新目标就不会觉得他出轨是件错事了。

7. 用你的自毁倾向让朋友们相信你疯了，这样亲友团会全力支持他找人换掉你。

8. 拿出一副居高临下的姿态，对你解释为什么你的行为对他造成了伤害。

9. 用你能想到的最铁石心肠的方式抛弃你。

10. 带着新目标向你秀恩爱，刻意让你知道没有你他是多么快乐。

正常的分手永远不会是这样，可是心理变态无论如何都要维持自己无辜的形象，所以你就只能当坏人了。虽然那个人才是又出轨又撒谎的家伙，以上列表里的步骤足以让局面翻转，让他成功地扮演一个受害者的角色，并且让被抛弃的你最终一无所有。

准备阶段

虽然分手发生的时候看起来很像是一时的感情用事，但是你千万要搞清楚，这是预谋了好几个星期的——如果不是好几个月。在这个过程中，你可能会隐约感到似乎那个人希望你主动踹了他。那个人会拼命地让你难过、受伤，你能感觉到他可能对这段感情已经没兴趣了，但是那个人就是不会把这些说出来，一旦你主动提出这些猜测，他还会矢口否认，并且把责任都推到你头上——让你相信毁掉这段恋情的是你自暴自弃的行为，不是他厚颜无耻的情感虐待。

当你绝望地试图修复感情的同时，那个人却在积极地追求着新目标，他没准已经把生米煮成熟饭了——而且他一定会让你怀疑到这一点。那个人会在你面前看似无意地泄露一些线索和提示，直到你忍无可忍最终爆发为止。而你的爆发又会成为那个人在新目标面前博取同情的资本。有什么东西能比你（看似）无缘无故发来的言辞狂乱的短信更能证明你不正常呢？

那时候你可能只以为那个人是失去了对你的兴趣，或者是你的嫉妒压灭了爱情的火苗。但是进入恢复期几个月以后，逐渐冷静下来的你如果回忆一下那个人在分手之前的种种表现，把各种蛛丝马迹一点点拼凑起来，你的发现肯定会让你十分震惊——这一整套精心策划的阴谋简直难以理解。当你终于意识到那个人有了新欢之后又吊了你多久时，你可能会感到非常恶心——那个人既然有了新人，怎么就不能直接和你分手呢？更恶心的一点是，你以为那个人不理你是因为忙着工作，而实际上他也的确很忙——就是忙的地点是别人的床上。

而且那个人还让你觉得一切都是你的错。

毁灭

对受害者来说，分手总是令人措手不及的。但是对心理变态本人来说，这一刻不过是长久以来的精心计划终于有了成果。他们早就开始传播关于你的谣言，让外人相信你不稳定的精神状态在一点点毁掉这段恋情，还会用这个故事来让新目标和朋友们忽视他们出轨这个事实。你会看到刚分手没过几天那个人就有了新对象，他们的幸福新生活也在紧锣密鼓地展开。你还在想着能不能修复之前的关系的时候，那个人就已然开始了新的热恋期。心理变态不会像正常人一样和你分手，而是直到最后一刻来临之前都紧紧裹挟着你，骂你"发疯"，说你"嫉妒"，一边欢乐地践踏着你的自我同一性，一边和新欢手拉手奔向美好的新生活。心理变态想做的可不仅仅是和目标分手——分手对他们来说是看着你全身心陷入自暴自弃、自我毁灭情绪的好机会。

话术

心理变态在分手的实际操作上总会展现出一种冷淡而虚伪的态度，没准他们只是给你发条短信就算完了，这会让你觉得自己简直毫无价值。就算你们的确有对话，那个人也只会谈他自己的感受——仔细地对你解释为什么他觉得和你在一起过不下去了。而你在这一刻已经麻木了：你知道这一天早晚都会来，只是它真正到来的时候你还是难以接受。那个人会对你唠叨很多关于前任和你行为上的改变之类的废话，但是对已经找到的新欢只字不提。而且他看起来既像是在同情你，又好像有点诡异的愉快。

而且心理变态一定会挑一个对你来说特别不方便的时机来谈分手。如果你们是异地恋，那个人很有可能会先叫你过来找他，然后当你还在半路上的时候突然告诉你你被甩了。你的旅行计划被打乱了，你正处在人生地不熟的环境里，这已经够让你慌乱不安了，而这个分手的消息更是能让你感觉完全不知所措，甚至精神错乱——这正是心理变态想要的效果。

这样的分手会让你感觉无比空虚，我甚至不能用"沮丧"或者"忧郁"来形容它，因为那种感觉要更糟。你甚至可能感觉自己的心已经死了。

抛弃

突然的抛弃行为并不正常。如果某人的确如同其声称的那样在情感关系中感受到了爱与热情，是不可能过了几个月就毫无预兆地玩消失的。那个曾经表示你比他的每一个"疯子"前任都要好的人，现在正对着新欢把你说成另一个疯子前任。心理变态嘴里吐出的每一句话都是精心组织的谎言，这一点在他们从反射你的性格和品德——"我们的相同点是那么多"——转化到抛弃你而开始拥有新欢的过程中表现得最为明显。一旦你理解了这个恶性循环的运行方式，你就会发现自己根本没有失去"灵魂伴侣"，因为这个灵魂伴侣根本就不存在。而当那个人还在周而复始地重复这个循环的时候，你已经开始了新的旅程，彻底摆脱了那个没有灵魂的恶人无尽的谎言和斗智游戏。

三角关系重演

可惜对心理变态来说，只是分手还不算完。他们最喜欢的营造三角关系的时间段刚好就在分手之后。你眼睁睁看着那个人把脸谱上的关系状态更新为"单身"，感觉一切都不能更糟糕了，你的朋友们没准会对你表示关心和问候，但是这时候你除了这个刚刚分手的前任什么都顾不上。你看着自己社交媒体上那个人的照片，感觉很恶心，但就是停不下来，你浏览着主页上你们在一起的回忆，冲动地把它们一条一条删掉——然而删完的第一时间你就后悔了。

然后你就看见了不该看的。

分手才没过几天，那个人就在主页上发了和别人在一起的照片——还是一个你之前从来没见过的别人。那个人毫无负罪感，一点也不害臊，就是那么光明正大地秀着恩爱。你知道这样不好，但是你就是控制不住自己的好奇心，所以你开始在社交媒体上到处寻找线索，然后你就会发现，这个新欢和你的前任已经互动了挺长时间了。他们一直在社交媒体上互相调笑乃至于调情，而你之前居然从来没有发现，因为那时候你实在是太关注你的前任本身了。

而你的前任会迅速再次更改关系状态，他的朋友们也纷纷对这对幸福的情侣表示祝贺——他们好像早就知道了这个新欢的存在。当你被描述成疯子前任的时候，那个人的新欢早就准备好了接替你的位置，而心理变态的亲友团也会为他们发出更热烈的欢呼声——他们的英雄终于找到了一生的挚爱（的最新版本）。

优越感

分手和三角关系会让心理变态感觉优越感爆棚，因为这是他们状态最好的时刻——看着你跌落尘埃会让他们感觉充满了能量。他们拉着新欢秀恩爱就是为了让你看到，好期待你会做出什么反应。而如果你根本不做出任何反应，他们就会千方百计找个机会和你聊聊，同时确保你一定能看到他们最新换上的多半是和新欢的合影的社交媒体头像。一般来说，心理变态会拿一些毫无意义的事情作为从你那里继续获取注意力的借口。比如说他们想把你留在那边的一件衣服或者一张DVD什么的还给你——普通人多半不会那么在意这一点东西。

而一旦心理变态成功地得到了你的注意力，他们就会拿出一种平静而居高临下的姿态，用一种好像恋爱导师一样的态度跟你说话，因为他们已经幸福地脱单了，而你还是一个人。在整个对话的过程中，他们都会摆出一副"我说了算"的傲慢嘴脸。在分手之后，心理变态热衷于让自己看起来像是两个人中保持了平静、表现得更好的那一个。他们一定要表现出一副胜利者的姿态。

心理变态会把过去发生的一切都说成微不足道的小事，并且警告你不要再给自己加戏。他们不会为自己当时的情感虐待和出轨行为道歉，而是没完没了地对你讲分手这件事有多么艰难。心理变态会巧妙地把分手这段经历和个人经历剥离开来，并拿出一种怜悯的姿态对你。他们会在谈话中拿出伪君子的幽默感，让自己看起来好像很宽宏大量。到了最后他们还会祝你一切都好，让这件事看起来就像是最普通不过的和平分手。

而如果你对这一套不买账，那个人的嘴脸可就不会这么友善了。心理变态才不想和你谈他的谎言和背叛，他想要的是让自己在你的回忆里依然有着高大完美的形象，想要你在回忆里依然崇拜他。还记得那人在你们的恋情走到尽头的时候怎么成天成天地不理你吗？现在你们分手了，但是他还是要求你能第一时间对他的表达做出回复，否则你就是还在嫉妒，并且一肚子怨气。

如果这些让你愤怒得恨不得挠墙，别担心，我们和你在一起。

情感施虐者的陷阱

心理变态、自恋狂以及反社会型人格者是巧语蛊惑的专家。虽然一开始被他们捧着的感觉很好，但是这种理想化阶段实际上直接导致了关系结束时的痛苦和损伤。这是他们设下的陷阱，而毫无戒心的受害者很难从中逃脱。

1.通过对你进行理想化，心理变态知道自己很快就能从你那里得到仰慕和注意力作为回报。他们的爱情轰炸可以在你们之间迅速构建联系，而你很快就会为这种联系奉献爱情作为回报。在你看来，这个人热情而完美，是你真正的灵魂伴侣，好得简直超乎想象。你每天都能感受到这种爱情的欢欣，也会积极把它表达出来。

2. 你会把新恋情带来的激动心情与所有家人和朋友分享，他们随时能得知你们的行动，一直在前排观看着那个人对你的奉承。脸谱这样的社交媒体更是使得理想化进程向整个网络世界公开。得到更多人的赞美，让我们有些膨胀的自我意识得到一点满足，这感觉的确挺好。

3. 情感施虐者会缓慢地抽身离开，在最开始这个过程还是很隐蔽的，你可能隐约感到有什么事情发生了变化，但是无法明确那究竟是什么。那个人只是越来越少打来电话或者发来短信了，他看起来好像对你的兴趣也越来越少，和你约会也越来越不准时，你开始产生了一些被敷衍的感觉。但是由于以上两个步骤中的行为此时依旧在发生着作用，你会决定依旧维持对那个人的理想化，忽视他对你越来越差的行为，希望能重回最初美梦一样的状态。因为你不想表现得像那个人的前任一样，你要宽容大度。

4. 你还是会对家人和朋友——以及你自己——讲述你的恋人有多么好。虽然你已经感觉到自己的恋情在走下坡路了，你还是相信足够的爱和正能量能修复它。在这个阶段心理变态基本上可以为所欲为了，因为无论如何你都会说他的好话的。

5.心理变态对你的情感虐待逐步升级，他开始构建三角关系，并开始用沉默和批评惩罚你。他开始骂你疯狂，说你神经过敏，并且最终把你无情抛弃。而你在这个阶段依然绝望地试图挽救这段感情，你经常失控哭泣，对那个人低三下四地请求，并且拒绝接受任何现实。那个人此时已经成了你人生的全部，而你又无法得到任何来自外界的帮助，因为你的亲友们依然相信你的恋情很完美。

6.被抛弃之后，你终于开始把之前留意到的线索拼凑起来。你通过一次谷歌检索意识到了心理变态这个概念的存在，你想着"我的天哪，这真是太可怕了"，你开始了解心理变态，而了解得越多你就越愤怒。一切谜题都被解开，你眼中的现实发生了永久性的改变。

7.心理变态的陷阱终于到了收网的一刻。不管你此时说什么都没有人会相信。你之前对那段恋情是那么激情洋溢，现在怎么就突然变成情感虐待的受害者了？这说不通啊。你那会儿是那么开心、那么激动，你的恋人很棒，他对你特别好，这些都是你自己说的啊！如果真实情况真的有那么糟糕，你为什么还在为那个人说好话呢？没人会把这时的你看成受害者，你看起来只是满腹嫉妒和怨气，不能接受被甩了的现实。

这就是心理变态的陷阱。他们通过理想化阶段的赞扬和爱慕冲昏你的头脑，让你在虐待开始后把自己逼进死角。幸存者们往往会发现自己的亲友站到了施虐者那边，这种绝望就像是压在骆驼背上的最后一根稻草。

为了避免这种状况，你不应该在所有人面前都试图为自己辩白。当然，你的确需要和人分享你的经历，但是你分享的对象应该是能理解这个过程的人。我建议你去寻找一些康复论坛，如果你需要心理治疗，也最好寻找对控制狂的思维游戏有所了解的咨询师——这位咨询师最好熟悉B组人格障碍（包括边界型人格障碍、自恋型人格障碍、表演型人格障碍以及反社会型人格障碍）——否则你可能又会经历一次不必要的被责备。这种时候的你不需要别人告诉你"看开点""克服它"或者"分手也是人生的一部分"。你需要真正能够帮助你走出困境、重新寻回安宁的人。

你要记住：你没有疯，你没有狂躁，你没有失去理智，你不是神经过敏、嫉妒或者欲求不满，你是一场情感虐待的幸存者，而且你完全可以挣脱施虐者给你布下的陷阱。你要平静、耐心一点，对自己好一点，不要因为现在没有人相信你而烦恼，因为这就是心理变态想要的效果：在你受伤最深的时刻把你调到防御姿态，让你看起来像是精神不稳定的过错方。相信我，总有一天你能把自己的经历用让人信服的方式讲述出来。

所以让我们正式对心理变态那些扭曲的游戏说再见吧。你不是一个人在面对这一切，去和那些真正能理解你的人分享你的故事吧，你会发现那个噩梦逐渐变成了遥远而古怪的回忆。心理变态在你的生命中毫无价值，重要的是接下来的康复之旅，它会改变你的一生。

"为什么那个人和别人在一起时那么快乐？"

很多幸存者在康复治疗的早期阶段都会问这个问题。在分手之后，心理变态会迅速找到替换你的新欢。原本谎言和背叛就已经很糟糕了，结果此时你还不得不前排观看那个人展现"完美"的新生活——并且和别人在一起。

你以为那个人对新欢比对你更好吗？你不是一个人，很多幸存者都是这么想的，而且心理变态的新欢到了自己也被替换掉的时候也会这么想。心理变态总是会把自己的新感情表现为一幅童话般美好无瑕的图景。你还没完全反应过来到底发生了什么，那个人就已经成了别人的梦中情人，别人的灵魂伴侣，满足了别人的所有期望和梦想，和别人的好恶完全一致。那两个人会一起对着全世界秀满满的幸福，对于你在几天之前刚刚被取而代之这件事一点负罪感都没有。

看着你的情感施虐者和另一个人携手奔向夕阳的画面，会让你想到没准这个人不是没有去爱别人的能力。但是实际上，和心理变态的罗曼史从来不会有好结局。他们拉着新欢秀幸福，并以此挑起事端和嫉妒本身就已经证明了他们并没有良知。

而当你看着他们新恋情的进展时，你会注意到一些你期待过却从未得到过的理想化阶段的细节。比如那个人不同意和你同居，却很快就搬进了新欢家里；比如那个人和你在一起很久都没提过终身大事，却和新欢闪电式结了婚；比如和你在一起的时候那个人很少公开什么，现在却和新欢在脸谱上刷屏式地发照片。简单来说，感觉好像你就是他们奔向幸福的路上烦人的减速带一样。

但是你得理解这一点——虽然可能有点困难——在你的恋情开始的时候，也有人和你感觉一样。

针对每一个不同的目标，每一段理想化进程都是不同的，这就是为什么你总觉得下一个目标得到了你得不到的。何况你和心理变态的新目标此时一个在地狱一个在天上，这只会让状况看起来更加不公平。

而那个新欢受到的"特殊优待"并不能代表你有什么问题，也不是你在那个人对你施虐期间的反应有什么问题。就算你的表现一直完美无缺，心理变态也总会找个理由抛弃你的。他们针对新目标只有两个目的：（1）把对方塑造成一个长期可靠的关注和仰慕的来源；（2）用新目标得到的更多的爱让你感觉嫉妒和自卑。

这就是不要和你的前任保持联系非常重要的缘由。如果你一直关注着他们的新恋情的发展，你只会继续用更多无解的问题和自我怀疑折磨自己。你每多看一次都会后悔。你会忍不住想知道为什么这段恋情维持得比和你的更久——为什么那个人能包容另一个人更久，却包容不了你。由于在对你进行虐待的阶段里心理变态一直维持着各种三角关系，你总是忍不住把自己和他人做对比，并因为那个人最终选择了别人而自惭形秽。

期待那个人的新感情出问题纯属浪费时间，这完全没有任何意义。虽然你肯定会短暂地感到满足，但你的负面情绪并不会因此而消失，因为你的自我价值感依然建立在别人身上。

你得记住，你身上并没有问题，那位新欢也并没有什么天生优于你的地方。你们只是两个分别经历过爱情轰炸和阿谀奉承的完全不同的个体，这与你真实的品德或内在美都没有关联。因为心理变态的理想化过程只是一个用来控制你的工具，它不是真心诚意的赞美，更不是对你品行的肯定——不仅对你来说不是，对任何人来说都不是。你可能会很想知道自己和新欢到底谁更好看、更成功或者更聪明，但是这些事情实际上并不重要。一旦心理变态选定了新目标，他的全部精力和能量都会转移，哪怕你是这个世界上最性感可人、最幽默机智的完美情人，那个人依旧会忽视你。心理变态此时的行为，既不能代表你不再拥有任何美好的品质，也不能代表另一个人真的就比你好。它只能证明一件事：你不再能为那个心理变态提供能量了，何况你居然还敢捍卫自己、揭露谎言、探寻真相，所以你必须为此受到"惩罚"。

当然，想到自己是不是不够好或者也许当时可以做得更好之类的也没有什么不对。考虑到你面对的状况，这只是自然而然的反应而已。但是本书的目的正是帮助你认识到，你已经足够好了——你也没什么可以做得更好的了。在和心理变态的交往中，施虐者的作为与选择和你的品质与性格无关，就算真的有关，也是他会训练你压抑住自己的美德和优点。

而现在你获得了自由，你终于可以重新开始探索自己的优秀品质，并且找回积极健康的自尊了。但是做到这一点之前，你必须停止把自己和其他人做对比。绝大多数幸存者在关注前任的新恋情时都会感到生理性的不适——感觉心脏悬到了嗓子眼，呼吸也变得急促起来之类。所以为什么要逼着自己经历这一切呢？倾听你身体的声音吧，这些不适感都是因为它在试图保护你。

你其实不妨做一个"不联系"日历来记录自己能坚持多长时间不去关注那个人或者那段新感情。在我们的在线社区里，我们鼓励每个成员都从做一张"不联系计数表"开始。一开始保持不联系、不关注可能很难，但是它会随着时间的推移而逐渐变得简单。并不需要很长时间，你可能就会开始同情心理变态的新欢，因为你此时已经明白，正是他们的那段恋情使你不至于受到进一步的虐待。

没有永远的幸福

心理变态的新情感可能看上去很美。你不得不见证那个人与新欢的理想化阶段（他或她也会确保你一定能看到），你肯定会思考这个新欢到底能给那个人带来什么，为什么你没有做到。但是他们的完美关系也不会持续太长时间，理想化阶段结束之后不久，心理变态就会再次感到厌倦。心理变态永远摆脱不了空虚、无聊的纠缠与烦恼，为了暂时减轻这种困扰，他又会开始磨灭新欢的自我同一性——通过玩弄那个可怜人来取乐。而且这些还不够，心理变态想看到的是猎物在自己面前卑躬屈膝地乞求，是猎物自暴自弃乃至于自我毁灭。这个循环将永远重复下去。所以你完全没必要在意那个人离开你之后能不能找到幸福，那样恶毒而轻蔑地对待过你的人，根本没有去爱另一个人的能力。

在绝大多数情况下，心理变态都会全力确保自己是甩人而非被甩的那个，因为这是他们的力量与主宰地位的体现。但是也总有一些幸存者主动挣脱心理变态的束缚与折磨，为自己重新寻回自由的案例。一旦心理变态成了被抛弃的那一方，你就得为持续好几个月——甚至好几年——被追踪和骚扰做好准备。心理变态会把所有愤怒都发泄在你身上，试图通过恐吓与威胁来毁掉你的生活，甚至用社交媒体小号在网络上对你进行监控。他们做这一切都是为了给自己营造一种依旧能够控制你的错觉——让他们自己相信，你离开他们活不下去。

那个人甚至可能会尝试着重新赢回你的心。千万不要上当，这不过是心理变态为了翻盘使出的最后的手段而已——那个人把你追回来就是为了主动甩掉你。我知道为了甩人而追人听起来一定特别荒诞，但是心理变态就是这样。

许多幸存者都希望多多少少保留一点和前任的联系，用来证明自己至少没有被彻底遗忘。但是如果你的前任头也不回地向前走了，你要知道这是你的幸事。去找个主动甩过心理变态的幸存者聊聊，听听他们的经历，你可能就会开始感谢前任没再回头找你的麻烦了。

讽刺

奇怪的是，心理变态为你们的恋情画上的句号，实际上也是他对你的力量的致敬，展示出了他对你意料之外的敬意。这看上去简直是不可能的，因为那时的你正处于人生的最低点，感觉自己毫无价值，而这也正是心理变态希望你体会到的感受，所以这怎么能是好事呢？

在你们恋情的终点，可能会出现以下四种常见的案例，而每一种实际上都体现出了那个心理变态间接给予你的肯定。

1. 那个人有了新的恋人

如果心理变态把新欢看得比你重要，这能说明些什么呢？这说明那个新目标能给那个人更多无条件的崇拜与爱慕，而你不能。如果心理变态抛弃了你，选择了一个新猎物，那就说明你在他看来并不是那么有用：你和新猎物比起来不够顺从、难以控制、不容易受到伤害。当那个人带着新欢在你面前秀恩爱时，他不是在向你证明自己的幸福，而是想通过摧残你的自尊来向自己证明现在的猎物比你好。

人只有在不够开心、幸福的时候，才会需要向外人证明自己的幸福。所以你的心理变态前任把你扯进一段三角关系，把和新欢的合影贴得恨不得全世界都看得见，只是因为他实际上并不快乐。他只是可怜又可悲地在试图用你被捏造而成的失败让自己相信一个谎言。心理变态如此执着于反复咀嚼你的实例，刚好反面证明了他对你的肯定。

2. 你揭穿了那个人的谎言

这句话你听着肯定耳熟："我的天哪，你又开始钻牛角尖了？"奇怪的是，你每一次"钻牛角尖"都是和那个人的谎言与背叛有关。这句话是心理变态让指出了真相的你误以为自己有问题的手段。那个人因为你撞破了谎言而对你施加的惩罚，实际上也可以视作对你的肯定。心理变态试图摧毁你的理智与直觉，这正说明你的这两种品质都非常强大。那个人正是因为意识到了你的这些优点，才会通过让你相信它们是弱点来削弱它们——至少让它们暂时不为你所用。如果心理变态说你在钻牛角尖，反而意味着你的侦查能力很强。

3. 你快乐过头了

心理变态热衷于在理想化阶段吹捧自己的猎物，但是他们又憎恨恋人返还给他们的欢乐和爱意。这听起来很奇怪，是吧？这完全没有道理。所以心理变态会通过消极进攻的情感虐待来积蓄这种憎恶。他们会让你感觉焦虑又紧张，让你在他们的奉承之下建立的自信心摇摇欲坠。可是他们的这种举动实际上也是对你的奉承，因为这意味着你拥有他们憎恨的一切：爱心、幸福以及欢乐。心理变态仇恨这些品质，把它们视作愚蠢的无用之物，因为他们自己永远不可能感受到这些情感。你的欢声笑语在他们看来像是一种奇特而难熬的提示：做个心理健全的人是不是比做个没有灵魂的心理变态更好呢？为了向自己证明事实并非如此，心理变态才会刻意安排那场恋爱大戏的终幕，作为对那些情感和品质的嘲弄。

4. 你的情绪让那个人感到厌烦

心理变态热爱理想化阶段，因为在那段时期里一切似乎都是完美的。你们之间没有任何问题，他们也不需要忙着应付什么消极情绪。一旦通过欺诈骗取了某人的爱情，心理变态会发现自己突然进入了某种窘境：那个猎物真心实意地爱着他们，并且想要和他们一起建立更加深厚的情感联系。这会让心理变态很快就感到厌倦和不适。在这些案例中，恋情的落幕往往都和心理变态的目标变得疯癫、狂躁或者歇斯底里有关。而这些污名实际上也可以视作一种诡异的赞扬："嘿，你拥有一颗健全的人类的心灵啊。"但是心理变态痛恨一切他们不能理解的东西，这也是为什么他们一定要摧毁你。你可能需要拼命压抑自己的情绪来做那个人完美的伴侣，然而实际上作为一个普通人你的情绪一点问题都没有。正是这种情绪让你成为一个健全的人，而心理变态只是单纯地厌烦人性而已。

心理变态会珍视的东西，往往都是你作为正常人在意的事物的反面。所以他们对你的惩罚也能视作对你的肯定，视作对你最为在意的东西的致敬。是的，那段关系的确既扭曲又充满了变态的操纵，因为那个人让你对自己最优秀的品质都产生了怀疑。但是回头看看，你会逐渐理解这些虐待也是你自身拥有那些力量和品德的证明。

当然，你现在可能还根本不想听到这些。在你们的恋情最终落幕之后，你会感觉生活中已经没有了希望，没有了幽默，更没有了未来。你依旧沉浸在那个人带来的痛苦之中，你可能需要好几年的时间才能客观地认识和理解那个人对你的虐待。所以请翻开下一页，让我们一起走上疗伤之路吧。

PART 3

疗伤之路

PHYCHOPATH FREE

从心理变态的情感虐待中复原是一段漫长的旅途。它既不是一条直线，
也没有什么固定的逻辑与条理。你没准会在不同阶段之间反复摇摆，
你也有可能在这段路上找到几个只属于你自己的阶段。
它和传统意义上的应对失去的五个步骤并不完全相同，因为实际上你并没有失去什么，
实际上你获得了无数重要的东西——只是你现在还不知道而已。

为什么疗伤需要那么长时间？

因为与施虐者分手和与健全的普通人分手太不一样了。结束了与心理变态的恶情人之间的情感纠葛，你的确会需要更长的时间来恢复。很多幸存者都会因为自己恢复得不够快而感到失望、沮丧，而且他们还得忙着应付那些总是好心好意地建议他们"该向前看啦"的专家和朋友。

不管你刚刚结束的那段感情是短期的恋爱还是长久的婚姻，只要它与心理变态相关，你需要的康复时间就基本是固定的，和你的恋情持续了多久无关。一般来说，你大致需要二十至二十四个月才能基本恢复，而且在那之后你还是会经历一些不怎么好过的日子。

所以请一定不要给自己制定什么截止日期。慢慢来，随着时间的推移，你会重新找回那些充满了欢乐、满足和希望的时光。如果能坚持"不联系"原则，这些时刻的作用将会随着施虐者的渐行渐远而越发强大。在你遥远的回忆中，那个人的形象可能会不再显得那么真实。你会难以相信曾经发生的一切：你居然被那个人置于那样狂乱的焦虑之中，被那个只是复制了你自己的性格与品质的人欺骗，还被拖进三角关系里和他人对抗。幸好你的思维和心灵现在有了更好的关注点——你的自尊与幸福。

不管你需要多长时间来疗伤，你都不需要担心这种伤害是永久性的。因为你虽然可能暂时感受不到自己灵魂中的同理心，但是你要相信它一直就在那里，从未离开，并且将在合适的时间以更加强大、美丽的姿态回到你身边。这条治愈之路虽然并不平坦，总会有高峰和低谷，却终将把你引向持续一生的自由。

所以你应该停止自责，不要总是希望这一切能很快过去，更不要因为你还会感到伤痛就认为是那个心理变态取得了胜利。你不用再想着那个人了，这段旅程只与你自己有关。一旦你接受了这段漫长的时间，这段旅程自然会显得愉快很多，你可以慢慢安顿下来，交一些新朋友，让整个疗伤过程更舒适、随意一点。

可是这又把我们带回了一开始那个问题上：为什么疗伤需要那么长时间呢？

因为你恋爱了

是的，那段恋情来自于那个人的捏造。是的，那个人模仿了你的性格与梦想并对它们进行了无耻的操控。但是那时候你的确全心全意地恋爱了，而"爱"是人类最强烈的感情，是人类与这个世界最紧密的联系。失去你所爱的人必然是痛苦的——特别是你曾经准备好了与之共度余生的那个人。

不论对你施虐的那个人动机何在，你对那个人的爱情都是真实的。所以你需要许多时间与希望来重整旗鼓，让自己摆脱分手后的抑郁情绪。

因为你陷入了绝望的爱情

这也回答了为什么和心理变态的恶情人决裂与普通的分手不同。心理变态会在恋情中刻意捏造欲望和绝望。你在这段恋情中的付出比以往更多，对吧？你投入了更多时间、精力和心思，得到的回报却是一生中最痛苦的一段经历。

在理想化阶段，那个人会用关心、赞美、礼物和情书把你淹没，摆出一副真心爱着你的模样，你做的所有事在那个人眼里都是完美的，这会让你沉浸在欢喜与激动中，对即将到来的自我同一性侵蚀浑然不觉。

然后你会逐渐发现越来越多的你随时可能会被取代的暗示。那个人在暗地里鼓励你胡思乱想，让你无时无刻不想着某个不一定存在的竞争对手。通过谎言、三角关系和蛊惑欺骗，心理变态会刻意为你塑造一种紧张而对未来充满忐忑的生活方式。

这种在你心头萦绕不去的危机感，会让你的爱情蒙上绝望的阴影。这并不是健康的情感，更证明了你疯狂地爱着的那个人根本不值得你去爱。由于此时的你爱得如此投入，你会相信那个能让你陷入如此强烈的情感中的人一定是你的唯一。而一旦你失去了那个人，你的整个世界都会因此而支离破碎。这会让你陷入更强烈的焦虑和绝望中。

因为你脑内的化学反应

心理变态对受害者的掌控，往往是通过紧密的情感联系与肉体联系的结合。他们不仅在性爱方面具有强大的吸引力，还会对受害者的意识进行潜移默化的训练，让受害者对他们产生更强的依赖。

因为在恋情的开始那个人表现得如此爱你，让你在他面前不再设防，并逐渐把自我价值感与他联系起来。那个人对你怎么看直接决定了你是否快乐，而快乐实际上是你脑内的一种化学作用——是多巴胺和受体让你感觉那么好。

就像毒品一样，心理变态先是让你习惯于高强度的多巴胺活动，让你逐渐依赖于这种感觉，然后他们就会逐渐抽离自己的影响。你不得不通过越来越多地向那个人索取来让自己得到满足，当你为了获得爱与肯定愿意倾尽所能时，那个人也会竭尽全力让你难以得到这种满足。

因为对比和自卑感

在网络上和线下，存在着上千个帮助出轨行为受害者的互助小组和论坛。伴侣的出轨行为会给受害者带来长期的不安全感与自卑情绪，会让受害者习惯于把自己与其他人做对比。对许多受害者来说，这种痛苦本身就需要数年时间才能克服。

那么现在我们对比一下这种行为与心理变态的三角关系。那个人不仅仅是背叛了你——在背叛之后还欢乐地向你吹嘘，向你展示着自己和新欢在一起是多么快乐，并且毫无负罪感或者羞耻心，并且因为能向朋友们炫耀自己的快乐而欢欣鼓舞。

这种恶行对曾经被心理变态在理想化阶段捧上天的人来说，造成的伤害之大简直难以描述。所以这种三角关系留下的影响本身就需要很长的时间来消除。

因为你曾经面对的是纯粹的邪恶

你关于正常人的所有认知，都不能在那个人身上体现出来。在你们的恋情存续期间，你肯定试图做一个温柔、随和并且宽容的好伴侣，你肯定不会预料到，那个你全心全意爱着的人，居然会把你的付出当作针对你的武器。这在你看来简直完全不合理，所以你才会那么辛苦地试着理解那个人的行为，试图把你身为正常人的良知透射到那个人身上。

但是一旦你了解到了心理变态、反社会人格以及自恋狂的存在，你的认知就会开始发生变化。你可能会感到恶心——因为你居然把这样的黑暗引入了自己的生活，这太可怕了。那些你曾经以为是"纯属偶然"或者"没心没肺"的行为终于得到了合理的解释。但是当你把这些讲给亲人和朋友听的时候，大家很有可能根本理解不了你在说什么。这就体现了被承认有多么重要，如果你和有过类似经历的人分享你的故事，你才能发现自己并没有发疯，发现自己并不是唯一一个面对这种惨无人道的情感虐待的人。

彻底认识这种人格障碍者本身也需要相当长的时间，因为你需要暂时抛弃自己过去关于人性的全部认知，并对它进行拆分重组。你会发现某些人的本性并不善良，这会让你紧张、偏执，并且对一切都过度防备。所以你的疗伤过程同时也包括在你对人性的新认识和你对人性原有的信念之间重新找到平衡。

因为你的心灵受到了严重的伤害

在被心理变态抛弃的初期，很多幸存者都会感受到一种难以言喻的空虚。用抑郁、沮丧来描述这种情绪甚至都不够准确，那感觉就像是有人掏空了你的灵魂。你对身边的一切都感到麻木不仁，那些曾经让你快乐的事情此时都没有了效果。你开始担心自己去关心和感受的能力被和那个怪物的纠缠彻底摧毁。

在康复之旅中，占用你最长时间的其实也正是这种空虚。我知道最开始你可能感觉非常绝望，但是请相信你的灵魂从未离开。虽然它受到了严重的伤害，但是它不会就这样离你而去。当你一点点重新寻回自尊和底线时，你也会再次听到它的声音。当你能再次放声哭泣的时候，你一定会反而为此感到快乐和激动，因为你逐渐找回了自己正常的情绪，而它也一定会变得越来越稳定。

当这段旅程走到尽头的时候，你会获得意想不到的识人的智慧。你的灵魂会以更为强大的姿态回归，并且拒绝再次受到那样的对待。你还有可能会遭遇这种有毒的人，但是你再也不会让他在生命中停留很久。你才不会在和心理变态斗智斗勇上浪费时间。你宁愿去寻找善良、诚实、悲悯的好人，你本来就应该得到更好的。

这种力量正是和心理变态的那段孽缘给你留下的礼物，它值得你通过漫长的疗伤时间去获取，因为你将因为它而受益终生。

悲伤的心理阶段——第一部分

康复期的初期阶段可能会让你感觉天旋地转——混乱、无序、难以掌控。在这些阶段里，你可能还没有意识到自己遇到的就是心理变态，所以你会责备自己，感觉自己不可能再次快乐起来了。你的一些行动远远超乎你自己的想象。此时的你并不理解那种虐待是如何摧毁你的自信心和自我同一性的——因为你根本不知道那是一种情感虐待。你唯一知道的就是自己很痛苦，你此生从未如此痛苦过。但是请千万不要放弃希望，你不是一个人面对这种黑暗，一切都会好起来的。

阶段一：荒废

症状：空虚，震惊，滥用药物，有自杀倾向，注意力难以集中，抑郁，体力衰退。

在这个紧随分手而来的阶段中，你会感到仿佛吞噬了你全部生活的颓废。你的心灵和思维都变得麻木不仁，普通的日常生活对你来说都难以为继。由于刺激脑内化学物质分泌的来源突然被切断了，你在这个戒断时期可能会不时感觉精神恍惚。你的身体状况也会因此而变差，你的模样可能也会变得格外憔悴。如果把很多幸存者遭遇心理变态前后的照片进行对比，结果往往十分触目惊心。

你的性欲也会遭遇波动和摇摆：你一方面对前任依旧有渴望，另一方面为今后再也不会获得同样的快乐而悲伤。由于自我同一性受到了严重的侵蚀，此时的你在心理上格外脆弱，但你对这种自我同一性的损伤已然毫无意识。你并不明白自己经历的情感虐待到底是什么，此时的你依旧是心理变态的受害者。你可能还天真地认为这一切是自己应得的惩罚：因为你嫉妒、疯癫、贪婪、缠人，一切都是你的错——而离开了那个人你什么都不是。

这时的你认为自己一无是处。

在情感上，你可能会失去和身边世界的一切联系。你的感知能力会暂时崩溃，以至于一段时间以后回忆起这段经历，你可能很难想起绝大多数细节，那感觉简直如同灵魂出窍。这是因为你的意识需要屏蔽太多难以忍受的痛苦而羞耻的回忆。为了保护自己的灵魂，一部分的你暂时进入了待机状态。而我们正在谈论的几个心理阶段，其最终目的就是为了让你沉睡的部分重获生命。

照顾好你自己

在整个康复过程中你都应该好好照顾自己的身体，但是在这个阶段这一点尤其重要。因为你还需要一段时间才能让你的理智与思维重新发挥作用，所以照顾好身体也是你此时唯一能做的事情了。在接下来的章节里，我也会在这方面继续给你一些建议，不过你可以试着从以下列举的事情开始。

1.不妨练习一下冥想。我的好朋友兼滑冰时的伙伴"复古风女孩"，在我们的在线社区分享了许多经验和技巧供大家参考。其中一种尤其简单实用，随时随地都可以练习：连续做十次深呼吸。

2.每天适量服用B组维生素补充剂。这不仅能确保你获取充足的营养，维生素B_6和B_{12}对改善抑郁情绪也有帮助。

3.适量服用一些鱼油。鱼油有助于保持你头发和皮肤的健康，也具有相当好的抗抑郁功效。

4.坚持运动。每天都去散散步，或者到健身房去锻炼半个小时。即使运动强度比以前弱一些也没关系，只要能保持运动就好。说出来不怕你笑话，我的朋友们直到今天都不太愿意跟我一起去健身，因为我在健身房里撑死了也就是在健身球上一边傻笑一边滚来滚去。

5.哪怕你没什么食欲，也要保证一日三餐。你可能一连好几周都不想吃东西，但是你也不能因此饿坏了自己的身体。

6.每天按时起床。千万不要养成每天在床上赖到下午的习惯，这会让你越发因为抑郁、沮丧而失去面对生活的勇气。必要的话，给自己定个闹钟吧。

7.保证七至九小时的睡眠。充足的睡眠对你的精神健康有着关键性的作用，如果你整天都无精打采，你会没有精神撑过这个难熬的阶段的。

8.多出门晒晒太阳。当然，你得做好防晒，不过接触自然光，从阳光里获取点维生素D，会让你感觉好很多。

9.记得保持个人卫生。别因为心情不好就不刷牙、不洗澡之类的。你的生活越规律，让生活重新健康起来、重拾好习惯就越简单。

10.别总是照镜子。我是认真的，你看起来很好，真的不用总是照镜子。心理变态会让你格外在意你的容貌和外表，不过除了他们，没有人会对你那么苛刻。

反思

在荒废阶段，做出任何反思对你来说一定都十分艰难。但是你一定要这么做，一定要对自己的内心做出一番审视，哪怕只是一小会儿。

以下这些文字会是全书中最重要的一段内容，请你一定认真阅读。

很多幸存者都不得不和自杀倾向做斗争，因为他们难以想象这段经历之后还会有什么等着他们。为了排解这种痛苦，有些人会求助于酒精或药物。如果你此时也在试图用药物治疗自己，或者真的产生过自杀的念头，请立刻放下这本书，去专业的心理咨询师那里寻求帮助。你此时需要的帮助不是书本或者网页提供得了的。

就算你并没有产生自杀的念头，寻求专业人士的帮助也会对你很有好处。社会上有许多优秀的心理学家、治疗师与咨询师，他们心怀着帮助他人的善念进入了这个行业，而且每天都在改变着许多人的人生。这些专业人士通常会在个人网页上列举出自己的专项，所以如果你要寻求帮助，最好选择一位专长为情感关系及情感虐待的，他在了解过你的基本情况之后，就会立刻明确地告诉你：恢复过程中不能急于求成。

每个人和心理咨询师相处时都可能有不同的体验，但是无论如何，能够帮助你的专业人士必须是一位富有同情心、善良并且思路开放的人。你和他相处时不应该产生被评判的感觉，你应该可以对他舒适、自如地分享自己的想法，假如你找到了很能引起共鸣的一本书或者一篇文章，你应该很愿意把它带去和咨询师讨论。

就我自己来说，接受了几个月的治疗之后，我从每天都沉溺于自杀的念头、连床都起不来的状态逐渐恢复到能够基本正常地面对日常生活。虽然那时的我还有很长的路要走，但是我的心理治疗师正是在我失去一切希望时挽救了我。有些时候我们就是需要一点额外的助力帮我们脱离黑暗，所以向他人寻求帮助并没什么可害臊的。有许多善良的陌生人会很愿意对你伸出援手。

阶段二：否定

症状：情绪波动，强颜欢笑，狂躁，滥用药物，冲动，向各处寻求注意力，网络跟踪狂行为。

当你的心理变态前任开始向你炫耀幸福新生活，你眼睁睁看着那个人和新伴侣手拉着手向全世界宣告自己的快乐的时候，你会马力全开地冲进这一阶段。这种三角关系往往是通过社交媒体营造的，这时候的你可能未必会对那位新欢的存在特别愤怒，因为你还不知道前任到底背叛了你多久。你会非常想要证明自己和那个心理变态一样十全十美——因为这没准能让那个人回心转意。

这时你的重点还落在希望那个恶情人可以重新选择你上。

为了向自己证明一切都还好，你开始换工作，开始无节制地消费，开始试图重新定义自己的人生。你会猛烈抨击那个恶情人之外的一切人和事，你会出去喝大酒、去派对狂欢、不管不顾地胡乱约会——总之一切都为了向自己传达一个"我很好"的信息。你会变得非常冲动，尽情挥霍着自己的积蓄，一心幻想着没准那个抛弃你的人能回到你身边。你甚至会开始在新的约会对象身上寻找恶情人给过你的那种激情，却往往以收获失望而告终，你找到的其他对象要么是在床上表现得还不够好，要么就是给不了你那么汹涌、热烈的关注和仰慕。

你还会把很多时间耗在网上，时刻关注那个人的脸谱主页，盯着那个人新生活的动向。你还没有准备好接受事实，不愿意相信你们的恋情真的完了。你幻想着那个人能看到你发送的图片或者评论，并且意识到和你分手是个错误。然而让你备感沮丧的是，那个人不会再把注意力放在你身上。但是你还是会抱有幻想，想着那个人在内心深处肯定还是希望你回到他身边，所以你不会放弃，你意识不到自己的自我意识已经完全被另一个人占据。在这个阶段里，你很有可能做一些疗伤期结束后回想起来会非常后悔的事情。

酗酒

请不要喝酒。我明白，在疗伤的初期阶段，喝酒可能是最简单有效的应对痛苦的方式。每天晚上都来一瓶红酒可能已经成了你的某种"常态"——而且你会用借口和玩笑为这一行为辩护。但是这件事并不可笑：你这是在伤害自己的身体和精神。如果你真的想要认真疗伤，你就必须保持清醒。你要知道，酒精驱使下的唠叨、抱怨以及狂欢都根本不可能为你带来平静。酒精的干扰只会成为你疗伤的拖累。就算今晚喝个烂醉让你感觉很好，第二天早上起来你还是得面对同样的问题——而且有关宿醉和耍酒疯的丢人回忆会让这变得更加艰难。

不时喝点小酒当然没有问题，但这段时间是个例外。我建议你在这几个月里滴酒不沾，如果有必要，你也可以给自己做一个日历，用它来记录远离酒精的每一天。如果你保持清醒，你疗伤的速度会得到惊人的提升。你的理智与意志是这段时期你最得力的工具，因此你最好还是精心地照顾它，对它好一点，也对你自己好一点。

那些"要是……就好了"的时刻

你会进入这个否定阶段，很大程度上是因为你依旧相信那个人对你还有兴趣，因为当你们还在恋爱的时候一切都是那么完美，完美到你觉得那个人不可能在那时候就已经爱上了别人（在正常的恋爱关系里这也的确是不可能的）。你坚信你们之间有过的种种过往都是独一无二的——至少那个人给你留下了这么个印象。

所以比起接受现实，你反而会花费大量的时间在回忆和想象上，你仔细地回溯那段恋情中的每一个可能导致你的"失败"的细节；想着自己如果在一些事情上换一种处理方法，也许就能挽救那段完美的感情；你甚至为一些你认为自己做错了的事情设想出了充满创意的解决方案。

我可以在这里随便举几个例子：

·"我当时要是没有当着他的面抱怨他的前任就好了，那我们现在应该还能在一起。"

·"我那个周末要是没有出门就好了，那他就没有出轨的机会了。"

·"我当时要是给他好好送个礼物就好了，那样他就能知道我有多关心他了。"

·"我当时要是没有叫他别再挑我的刺就好了，那样他就不会嫌我神经过敏了。"

·"他故意冷落我的时候，我要是装成没事儿人一样就好了，那样他就不会觉得我总是缠着他不放了。"

·"那天我要是穿得更好看一点儿就好了，那样他没准儿还会觉得我挺有魅力的。"

拜托，这都是些什么呀！就算你那么做了，故意冷落自己的恋人、欺骗、出轨、情感虐待、冷酷无情地把人一脚踹开这种事情就有道理了吗？而且那些微不足道的小事，不管有没有变化，都根本不能决定一段感情能不能维持下去吧？爱情应该是一棵深深植根于沃土的大树，而不是随波逐流的小船；它应该稳定而持久，而不是随情况波动不断——何况你绝大多数的"错误"，都不过是对那些完全无法接受的行为做出的合理反馈而已。

　　如果区区几个"要是……就好了"的事件就足以决定一段恋情的死活，那只能说明一件事：这段恋情糟透了。你这恋爱谈得简直如履薄冰，一旦什么事情没有完全按照计划执行就有可能分手，这才不是正常的陪伴或者支持。这是在某个人苛刻的目光注视下走钢丝，那个人不会在钢丝的另一头对你伸出双手，而是抱着双臂冷眼旁观，哪怕你失足坠落都不会在意，因为"要是你再小心点儿，没有踩空掉下去就好了"。

　　但是这就扯得有点远了，咱们的重点是悲伤的心理阶段，不是杰克森试图唤醒当年二十一岁的自己。

　　你也没必要认为那些"要是……就好了"的想法有什么不正常，当你对心理变态的了解不断加深，逐步进入其他心理阶段时，这些想法也会自然消解。但是可能的话，千万不要按照这些"假如"去做什么。这时候的你可能会被一股乐观情绪冲昏头脑，你可能决定不在意那些虐待，并且相信一个善意的动作或者一两句道歉的好话能修复一切。相信我，这都是不可能的。如果那个人对你哪怕有过一星半点的在意，你就根本不需要像现在这样仔细梳理自己犯过的错，不需要思考到底是什么导致你如今被他人取代。这就是情感虐待和长期的冷遇对一个正常而富有同情心的人造成的恶劣影响。这也是某人拒绝为自己的任何行为承担责任，而另一个人为了维持和谐主动吸收了全部罪责而产生的恶果。

理性面对重要抉择

关于情感虐待康复工作，有一个非常让人泄气的地方：我没办法告诉你具体应该怎样疗伤。还记不记得你小时候，你的家长可没少给你上关于如何避免重蹈覆辙的课？那时候你肯定没把他们的话放在心上，因为没人能告诉你该如何获得幸福，你只能自己不断前行，去一遍一遍地犯下那些错误，才能学会如何避免它们。

而悲伤的各个心理阶段也是这样，你必须亲自去体验。但是我还是想要和你分享一点经验，没准它们也能激起你的一些共鸣。

在否定阶段，你最好尽量避开那些足以影响你一生的重要决定。因为此时你可能会把重获幸福的希望寄托在许多不同的事物上，然而真正的幸福只可能产生于你的内心而非外物。你此时的热情会把你的生活搞得支离破碎，因为你相信自己的每一个主意都会带来最好的结果。

但是这样折腾解决不了你的问题。

你的问题不在于你的工作，不在于你的薪水，不在于你家的装修，不在于你的手机、你社交媒体上的头像、你状态栏里写的"单身"。不，这些都不是你问题的所在。在那个人长期的影响下，你已经习惯于忽视真正的问题了。

所以我只好劝你在这个阶段尽量不要做什么重要的决定——特别是和金钱或者友情相关的。至少在这个时期里，你不应该过于相信自己的直觉。我一般来说不会劝你这样做，但是现在一切都处于失衡的状态之中，你的直觉也因为心理变态的虐待而产生了错乱和偏差。

在整个疗伤的过程中，你还会有很长时间来处理友情问题。如果你怀疑某些朋友也是那种有毒的人，只要暂时远离他们一段时间就好，没有必要一下子把这件事上升到个人层面或者伤了和气。告诉朋友们你正在度过一段艰难的时期，并且会在稍微平静一些之后再回到他们中间，这样你就可以把更多时间花在互助论坛上了，在那里你会遇到真正能理解你的人们。你原本的朋友们不会明白你究竟经历了什么，他们只能给你你已经知道的一些建议，并且劝你"向前看"。这并不代表他们就是坏人，你也得这么想："如果我自己没有经历过那些事情，我怎么可能知道如何理解受害者的心情呢？"

假如一年以后你还是想换工作或者和某个认识了很久的朋友绝交，你完全可以想怎么办就怎么办。但是在否定阶段你最好还是忍一忍，未来的你一定会感激你此时的耐心的。

阶段三：自我怀疑与自我教育

症状：不确定性，焦虑，好奇，多疑，自责，自我反驳，过度地叙述自己的故事。

在这个阶段里，你的生活中会飞速发生许多变化。而且你已经对心理变态、自恋狂或者反社会型人格有了初步的认识，不管你得知的途径是偶然的网络搜索、回忆起了之前简单了解过的某些信息，还是某位经验丰富的治疗师给你的提示，你现在都得到了破解谜团的关键线索。认识到这个定义的存在对你来说非常重要，因为它会让之前看起来不合理的一切都得到解释。

你知道内心深处有些东西早已支离破碎，你可能急不可耐地想快一点好起来，但是你肯定也想知道自己身上到底发生了些什么。当你开始阅读之前列举的示警信号时，你可能会产生强烈的自我怀疑情绪，因为你发现几乎所有——或者根本就是所有——示警信号都曾经在你的恋情中出现过。可是你还是忍不住往另一个方向想：万一这只是自己不能接受现实，不愿意承认是自己毁了这段恋情，反而给前任贴上心理变态的标签呢？当然，这正是那个心理变态希望你相信的现实。

所以你想到那个人的时候思路总是摇摆不定：那个在你眼中那么完美的人为什么会蓄意伤害你呢？他对你的态度为什么一眨眼之间就会从迷恋变成轻蔑呢？这不可能，那个人不可能真的是个心理变态，那个人是爱你的，不是吗？

认知失调

上文描写的那种情况，在心理学范畴内被称为"认知失调"。在这种精神状态下，你的直觉可能会同时告诉你两种互相矛盾的内容。这是在结束和心理变态的交往之后的一种正常现象，因为你已经习惯了全盘接受他人告诉你的所谓真相——而非用自己的双眼和心灵去观察与感知。你总是听到那个恶情人激情洋溢地对你告白，许诺你忠诚于爱情，但是你其实从未真正感受到过它们。你肯定依然记得自己和那个人共同分享过的梦想，依然记得你们一起规划的未来——但是这些梦想从未照进现实。

所以你应该相信什么呢？那个人的言辞还是他的行动？在你们依然在一起的时候，那个人的言语可能牵扯了你很多时间与精力，它们曾经让你满怀希望，让你奉之为圭臬，让你对它们字斟句酌地仔细分析，但是到了最后你却再也无法相信它们。可是哪怕你的直觉告诉你一切都不对劲，你还是绝望地想要信任那个所谓的灵魂伴侣。

现在那些幻象在你面前失去了魔力，你还不能完全理解那个人的心理游戏到底是什么规则，但是你知道有些事情肯定不对。所以你开始在内心深处做斗争——你要努力按下那些对爱与激情的幻想，这样你才能理性地重新认识发生过的一切。

你可能会从一个极端跳到另一个极端。首先你会认为那个人是个彻头彻尾的人渣，从你们谈恋爱第一天就开始欺骗你。然后他突然又看起来没那么糟糕了，没准他只是比较没心没肺，他那时候说的那些话肯定不是故意的。如果你能大度地原谅他，没准就能皆大欢喜了——但是等等，那个人说的一些话真的非常残酷，他就是故意让你感觉自己像垃圾一样，居高临下地像教训孩子一样训斥你。可是你再转念一想，没准每个人都值得被再给予一次机会，至少你认为就这么对某个人怀恨在心是不对的，你和前任要是能做朋友岂不是更好？何况你怎么能抛弃那些美好的回忆呢？——那些那个人牵着你的手，对你说"我爱你"的时刻，你怎么忍心忘记呢？

而这正是认知失调现象的危险之处。它会让你不断重温那些令人上瘾的回忆，让你重新对那些破碎的梦想、精心捏造的谎言产生期待。但是当你逐渐开始正面应对这些感受时，这些对抗情绪会越来越平和，越来越不极端化。不过此时的你依旧极易受到那个心理变态的伤害，所以只要你处于这个认知失调阶段，请务必明确这一点：那个人依旧可以再次欺骗你，一句好话没准就可以把你拉回理想化阶段了。

那么问题来了，你应该怎么保护自己呢？

两副面孔

在反社会型人格者身上，迟来的傲慢姿态是一种很常见的情况。你们刚认识的时候，那个人看起来会非常谦虚、体贴，并且像孩子一样单纯、天真。但是随着时间的推移，他们会逐渐变成可怕的怪物：傲慢、冷漠，并且充满病态的控制欲。他们只有在引诱新猎物的时候才会拿出最好的表现，用纯洁可爱的魅力骗人上钩。这其中的缘由很简单，因为人们才不会被傲慢自大的态度所吸引。所以反社会型人格者才得捏造出一副"萌萌的"面孔来掩盖自己的獠牙与利爪，猎物只有落入他们的圈套之后才能看清他们真实的嘴脸。从本质上说，反社会型人格者傲慢自大、自命不凡，并且极度自恋。由于这两副面孔的差异太大，幸存者们往往很难把那个对他们施加虐待的怪物和刚认识时的小可爱联系起来。幸存者们还需要承担更多的对受害者的责备，不是被指责居然爱上了一个浑蛋，就是被用"反正一个巴掌拍不响"这句话搪塞过去。没错，一个巴掌是拍不响，但是这两个巴掌能拍到一起的前提，完全是其中一方拿出一副虚伪的面孔，让另一方误以为双方非常相似。

不要联系

在结束了与心理变态的情感纠葛之后，坚持"不要联系"的原则是唯一能够有效保护自己的方式，不存在任何例外。不管你有多么难受，试图重新联系那个人都只会让状况变得更糟。如果你们之间已经有了孩子，或者其他一时难以切断的长期关联，你也应该把和那个人的联系频率尽可能降到最低。

切断和具有"毒型人格"的恶情人之间所有联系会改变你的人生。虽然最开始那段日子会非常难熬——感觉简直像戒毒一样。但是随着日子逐渐过去，你会发现每一天都会给你带来一点新的惊喜。你会重新建立自尊、底线以及真正的友谊。你把时间浪费在理解和宽恕那些并不值得的东西上，不如去和真正能够理解你的人们交流。切断联系带来的自由会让你的灵魂茁壮生长。早晚有那么一天，当你回首这段往事时，会完全脑补不来自己当时怎么能容忍那样糟糕的人，那时候重获新生的你甚至会想要保护过去的自己。

坚持"不联系"原则，要求的正是你切断和心理变态之间所有形式的联系，因为实际上能构成"联系"的方式可比你想象的要多。

以下行为都可以被视作"保持联系"：

给那个人打电话。

给那个人发短信。

与那个人见面。

与那个人邮件往来。

与那个人在社交媒体上互相关注。

与那个人在社交媒体上发私信。

偷偷关注那个人在社交网络上的动向，所谓"网络跟踪狂行为"。

不管看起来多像是不起眼的小事，和心理变态保持联络不会带来任何好结果，这样做只会在疗伤过程中拖你的后腿，而且事后你一定会后悔。因为心理变态和你做的任何交流都只有一个目的：伤害你。他们总会想着把你再次牵扯进三角关系之中，但是这种意图非常容易被误以为是对你的关心或者兴趣。一旦抓住时机，心理变态就会施展魅力，重新控制你，让你重温自我同一性被侵蚀的噩梦。他们会重启对你的理想化过程，给你造成新的认知偏差，并通过病态的谎言扰乱你的心神，用言语乱炖让你为疗伤做的努力前功尽弃。一旦心理变态的魔爪再次伸向你，你就会被他们重新拖回任由其摆布的窘境。因此你必须让自己戒断他们让你上的瘾，而唯一的途径就是不再联系。

每当你的思绪又跑到那个人身边，为了能再和那个人联系一下而心痒难耐时，你都一定要小心，切忌冲动行事。最好给你自己找一点分散注意力的事做：爱好、冥想、写作、工作、宠物——只要能不让你再想那个心理变态，什么都可以。我们的大脑是通过学习来记住习惯的，所以让它适应一些更健康的习惯吧。一旦你发现自己又想起了那个人，不要紧张，做几次深呼吸，逼着自己去想想别的。

在这里要多提一句网络跟踪狂行为，虽然你这么做并没有直接与那个人交流，但是这依然戒不掉你对那个人上的瘾。说句实在话，你最好彻底把那个人的脸谱、推特以及通讯录都设置屏蔽。你没准觉得等着看那个人蹬掉新欢会让自己感觉好一点，但实际上并不会。除了时间与成长，任何事情都不能改变你所经受过的痛苦。你现在可能还不信，不过总有一天，你能做到对那个人一点都不在意。

如何在不联系的情况下做个了结

以下篇章的作者是我的在线社区同仁以及好友"治愈之旅"，她具有惊人的洞察力，我也强烈推荐各位去找她写的这本书来看看：《幸存者的探索：遭遇恶人之后如何康复》。

切断与心理变态之间的联系非常困难，所有幸存者都知道这一点。而一旦严格履行了"不联系"原则，幸存者们才能开始重新收拾起破碎的心和被打乱的生活。在这种情况下，幸存者们最渴望的莫过于能做个了结。有些人可能希望能从心理变态那里得到一个结果，另一些认为也许根本不可能有什么了结。到底有没有逃离这片黑暗的出路呢？所有走在康复之旅上的幸存者应该都这么怀疑过。

好消息是，出路是存在的，了结也是存在的。但是它绝对不可能来自那个心理变态，它只可能来自你的内心。

以下列举的是一些可能通向了结的方法，这些观点仅供参考，它们之间可能互有重叠，并且没有严格的时间顺序。

告别昔日幻象

从心理变态的情感虐待中康复的第一步便是切断所有联系，而做到这一点的唯一途径，就是抛弃你所爱之人留在你心中的影像。因为悲伤的事实是，那个人其实并不存在，他只是一个幻影，一个副心理变态用来蛊惑你的面具。虽然这必定既艰难又痛苦，但为了重获自由，你必须放弃对那个幻影的信念。

就算时至今日，我也能清楚地回想起和那个恶情人初遇时的场景：那时的我认为他就是我的真命天子。他那么理解我，我们之间又有那么多共同点。那一切简直美好得不像是真的。而直到他终于用难以置信的方式背叛了我，我才意识到那的确不是真的，那一切美好都是他的谎言……除了裹挟在其中的我自己和我的感情。我是真实存在的，我的感情是真实存在的，除此之外，全部是谎言与骗局。虽然痛苦万分，我还是努力坚守住了心灵中的最后一丝光芒——那是真相的光芒。放弃对那个人试图扮演的"完美先生"的念想，让我更加贴近了自己的心灵。

所以尽你最大的努力把那个幻影从心中赶走吧，你只有把它放下了，才有可能找到真实的自己。

积极寻找答案——同时注意安全！

当我终于意识到自己遇到了心理变态之后，我想要探求真相的念头极其强烈。当时我身边的每一个人——真的是每一个人——都并不鼓励我去调查那个恶情人。可是我实在太想尽可能多地揭露那个人的无耻谎言了，所以我无视了身边众人的建议。结果事实证明，那时的我做了正确的决定。因为我在完全不跟前任或者和他相关的其他人建立联系的前提下精心规划了自己的任务，并且没有把自己的发现当着那个心理变态和他的亲友团揭露出来——虽然我真的很想那么做。而当我在这种情况下再也发掘不到新信息的时候，我就收手不干了。当然，那时的我依然没有完全从创伤中恢复，也没有挖掘出全部的真相，但是我感觉好像找回了一部分失去的自我，在我重拾自尊心的过程中，这段探求真相的经历也发挥了重要的作用。

所以只要你一直坚守着"不联系"原则，你完全可以尽情去寻找问题的答案，尽可能多地去挖掘事情的真相。

研究心理变态现象

和心理变态的纠缠与正常的恋爱关系完全不同，因此它的余波也会和正常的分手大相径庭。遭遇过心理变态的幸存者们往往会问许多为什么，而为了顺利疗伤，这些问题也需要逐一得到解答。而且由于身边的人往往很难理解幸存者的经历，还会没心没肺地做出比如"那你干吗不早点儿分手""你怎么没早点儿发现问题""一个巴掌拍不响"之类的表达，幸存者们经常把身上发生的一切都归咎于自己。

但是心理变态不是正常人啊！在你们相遇的时候，你可能根本就不知道这个群体的存在，你在这方面单纯而无辜。而现在你还得为应付别人劝你的"关注那种人干吗"做好准备——他们可能会认为这不利于你的恢复，然而实际上对心理变态现象进行适当的研究，反而会对疗伤有所裨益。通过逐步了解心理变态的策略和伎俩，你会意识到那些虐待从来就不是你的什么过错导致的；而当你一点点认识了心理变态的思维如何运行时，你才能发现自己从一开始就在被那个人算计。只有让真相在你眼前一点点清晰起来，你才能重新寻回自己的力量。

允许自己去感受和思考

正常人都会设法回避痛苦，但是只有直面伤痛并且勇敢地战胜它才能让我们发现生活之美，因为在你最深切的痛苦的彼岸，暗藏着通向喜悦与幸福的机会。在你疗伤的过程中，你可能会发现自己在悲伤的几个心理阶段之间循环往复，这是一种在结束与心理变态的关系之后的特有现象。各种情绪可能会像浪潮一般向你涌来，和那个恶情人相关的思绪也可能会不时占据你的头脑，让你完全无法思考别的事情，这种时候你完全可以允许自己去感受这些情绪和思路，哪怕它们会使你烦恼，况且持续抗拒它们也不会对你有什么帮助，甚至可能反而为你带来更多伤害。这种现象其实是创伤后压力综合征（PTSD）的症状，因此为你的创伤找到对症下药的资源非常重要，需要的话，求助于心理治疗师会是一个很好的选择。总之，如果你直面这些痛苦而非刻意回避它们，你会发现更深层次的自己，会收获自尊、自爱和全新的自信。这会让你更加相信自己的直觉。一旦你重新学会了信任自己，你就能重新把信任寄托在他人身上了。

接受现实：总有些事情不会受你控制

当我刚刚得知心理变态的存在时，我为世界上还存在着这样的恶人而感觉非常不安。虽然我自己的恋情结束了，那个恶情人却找到了新目标，过得看起来非常开心，对他留下的恶劣后果（比如心碎的我）视而不见，这让我感觉万分沮丧。在伤心之外，我对这一切的第一反应是羞耻和愤怒。我想当众揭露那个心理变态丑恶的真面目，我想说服那个姑娘离开他，我想让他真心诚意地向我道歉……我想向那个人复仇，我想伸张正义。

但是我知道自己阻止不了他。我无法让他停止欺骗他人，那个被他当成新目标的姑娘也不会相信我，而且我知道不论我怎么做，那个人都不会因为他对我做的一切而产生哪怕一星半点的悔意。我此时唯一能做到的就是把注意力放在自己身上，认真生活，努力疗伤。自从我做出了这个决定，每过一天我都能重新寻回一点快乐和平静，虽然我依旧需要压制想要掌控那些我无法掌控的事情的欲望，但是这并没有开始的时候那么难了。你要知道，从心理变态那里你不可能像普通的恋爱分手一样得到一个"说法"或者"了结"，你在自己灵魂深处寻觅到的光明也要比这个有意义得多。

相信自己，相信你自己眼中的真实

就我个人而言，我在疗伤之旅中最重要的顿悟就是，我终于可以重新相信自己、相信自己眼中的真实了。虽然心理变态在行为模式上有许多相似之处，每一位幸存者的经历却各不相同。在我试图了解自己身上发生的一切时，我的耳中充满了来自许多人的纷繁复杂的声音和意见：他们在告诉我我是谁、我应该成为什么、我应该相信什么。这让我一如既往地开始质疑自己，而我紧张的自我怀疑情绪又延长了我的痛苦。但讽刺的是，只有在我阅读了其他许多幸存者的故事，把他们的经历和我的经历细细比对过后，这层迷雾才从我眼前逐渐散去。通过接触其他与我相近的幸存者的经历，以及重新审视自我的价值，我才得以领会那段过往中的真实。时至今日我依旧对许多事情存有疑虑，但是我会对它们进行更加客观审慎的洞察，并且首先倾听自己内心深处的声音。

你的心里也会有这么一个告诉你怎么做的声音，不妨认真听听它怎么说。

此外请你一定要坚信这一点：你完全可以在不和那个人联系的情况下做个了断；你完全可以撑过这段噩梦，寻回内心的平静。去用心理变态现象相关的知识武装自己吧，努力走出痛苦的泥潭，去夺回属于你自己的力量。而最为重要的是，要记得相信你自己、爱你自己，你自己才是这条漫长的旅途中最为真实可信的向导。

反洗脑

本段落作者为社区网友"寻找阳光"。

我写下这段文字主要是为了帮助那些坚持"不联系"原则遇到困难的朋友。我知道坚持这项原则的最初那几天感觉有多么糟糕，而我个人的经验也不一定适用于每一个人，但是也许其中还是有一些值得参考的地方。

1.在"不联系"原则实行后的早期阶段，你可能出现的状况。

你平生第一次真正理解了"心理变态"这个词的含义。因为你近乎绝望地想要解答那段恶因缘留下的无数问题，所以你开始在网上检索。你输入的检索词让你找到了一篇关于心理变态、自恋狂以及反社会型人格的科普文章，或者直接让你点开了"恶情人退散"在线社区的网页。你浏览着那些文章，感觉简直无法相信自己的眼睛，那些描述和你的前任是那样相像，而那些言语又在你心里激起了那样强烈的共鸣。你的理智可能已经完全理解了那段经历，茅塞顿开的时刻接踵而来，那答案来得简直让你措手不及，那一切迷茫与困惑的终点就在眼前，唾手可得。

但就在此时你惊恐地发现，站在这个关键点前的自己反而裹足不前，突如其来的自我怀疑占据了你的思路："如果那个人并不是心理变态呢？也有可能只是我想太多，是我错怪了他而已……虽然他也不是没说过那种话……"于是你再次点开了那篇文章仔细阅读起来，这次你的顿悟比第一次阅读时还要多，一些之前还不太明确的事情也清晰了起来。"没错，不是我想多了，那个人就是心理变态！"你这么想着，那个人就是个心理变态，这一点已经确信无疑了。你现在理解了那个人为什么会说出那些自相矛盾的话，你回忆起了无数具体的细节与场景，它们在你眼中已然有了全新的面貌，你对它们也有了前所未有的理解。但是你再一次犹豫了："我真的能百分之百确定，那不是我的一厢情愿吗？"

2.为什么认知失调带来的内心冲突会给我们造成伤害。

以上我所描述的情况，正是认知失调带来的内心冲突——我们在绝望地试图寻找真相时，往往会受到它的困扰。而它会发生在我们身上，正是因为心理变态通过洗脑让我们相信，我们才是在刚刚结束的那段情感中出了问题的那一方。那个恶情人用背叛或者失信刺激你做出反应，而这些反应又会被他当作针对你的武器，用来让你相信一切都是你的错，用来保证他依旧拥有控制你的力量。这会让你想要做出"最后一搏"，因为如果你相信一切都是你的错误导致的，那么你可能同样会一厢情愿地相信，如果自己在一些行为上做出改变，也许就能给恋情带来转机。

这一切都是你自己的错的念头当然都不是对的。你目前还看不透这一点，只是因为你的观念里仍然顽固地残留着那个人留下的谎言，它们依旧让你质疑自己的身份以及自己在那段恋情中的角色。这些谎言正是造成你内心冲突的原因，它们让你对是否要结束那段恋情犹豫不决。从某种角度来说，你会在此时体验到这种认知失调，正是那个人的理想化阶段进行得十分成功的体现。除非你下定决心，坚决执行"不联系"原则，否则你很难脱离这种认知失调，甚至还有可能被那个人拉进新的恶性循环之中。但是由于那种内心冲突让你的心绪很难平静，"不联系"原则实行之初你会感觉非常难过。

3.我是如何应对认知失衡的。

必须承认，执行"不联系"原则的头六个星期里我过得特别糟糕。但是每当我开始阅读手头的一些关于心理变态现象的资料时，我的内心冲突就会暂时平息。因为当我阅读的时候，我的本能在告诉我，我接近了真相：不是我想多了，那个人就是心理变态。我接收的信息在灵魂深处激起了强烈的共鸣，足以压制住我思绪中的纷乱和怀疑。这让我意识到，自己需要更多这种神思清明的时刻，它让我发现自己是被那个人洗脑了；更让我回忆起来，在那段恋情结束的几周之前，我的本能分明曾经多次对我做出警告。而当我的思绪中再次掀起冲突和波澜的时候，我唯一应该做的事情就是让它闭嘴。

而我让自己纷乱的思绪"闭嘴"的具体方式就是继续研读和心理变态行为相关的资料。因为我知道，想要从伤害中恢复，让我的思路重新回归现实，最好的方法就是逐个消减心头那些悬而未决的疑问，通过那些顿悟的时刻让我的灵魂与真相共鸣。与此同时，在最开始的那段日子里，我有意避开了一切能让我回想起那段恋情和会让我遗忘自己是心理变态虐待下的幸存者的东西——比如地点、音乐以及一些熟人。

这就是我坚持"不联系"原则，并且战胜那些在内心冲突中萦绕不去的质疑声的方法。

但是我还想告诉你一点，在你的康复之路上，早晚会有这么一个时刻：你为所有问题找到的答案都引向了新的问题。一旦这样的时候到来，你就应该让无休无止的分析和学习告一段落，让自己的脑子休息一下，并在整理思路之后再继续。注意倾听自己直觉的提示。如果你任由心理变态的谎言在你的头脑里塞满了疑问，而你似乎也在逐个验证着这些疑虑，你就没有继续追寻真相的空间了。

　　你的头脑需要用真相重新洗刷。你每次得知的真相，往往与你从脑内逐出的洗脑成果成正比。简单点说的话，心理变态通过洗脑对你灌输的谎言会随着你对真相的认识递减，并最终会被真相冲刷殆尽。总有一天，你在清晨醒来时，会意识到真相已经完全进入了你的脑海，你的本能滤清了所有的疑惑，真相击败了恶情人的谎言和骗局，你最终找到了一些内心的平静。

希望以上内容对处于康复之旅起点的你能够有所帮助。探寻真相是最好的逃离黑暗的方式。对幸存者们来说，知识就是力量，更是对抗心理变态的武器。一旦你完全吸收了这些知识，你也可以说差不多上了道啦。

　　如果你需要更多能够帮助你应对认知失衡的文章、书籍或是视频，欢迎参阅本书附录中的"资料来源参考"版块。

悲伤的心理阶段——第二部分

你已经掌握了拨开迷雾的关键，即那个改变了你的世界观的概念——"心理变态"。你知道了这个概念的存在，一切就此变得可以理解，你突然发现了描述自己所经历过的一切的正确方式。那些难以解释的回忆现在得到了解释，你也由此产生了诸多奇特的新情绪。最初那感觉一定很不舒服，因为你的确是刚刚结束一段极其令人不快的关系。你可能会问自己很多问题，然而这并不是坏事。用质询的心态看待自己（和身边的世界）是通向自省之路的起点，而自省精神终将改变你人生的层次。

理解心理变态

症状：生理性不适，亟须得到验证，震惊，恶心，灵光一现式的顿悟，妄想，情绪低落。

这可能是你的康复过程中最奇怪的阶段，也是最重要的阶段。通过资料学习获得的知识只能帮你到这里了，想要真正理解心理变态，你必须试着想他们所想，切身体会他们的感受。鉴于绝大多数幸存者不仅富有同理心和爱心，还非常珍惜这样的品质，他们想要和心理变态之间产生情感共鸣几乎是不可能的。实际上这正是心理变态往往能够得手的原因之一——因为正常人通常会近乎不假思索地相信，所有人都像他们一样拥有良知和道德感。

随着你对心理变态的探究不断加深，你会在无意之中失去一小部分的自我。你对心理变态研究得过于投入，以至于你终于可以开始理解心理变态的思维如何运转。你看到的不再只有行为上的危险信号和言语虐待，不再是当你哭泣着乞求时那个人的冷漠——甚至于冷笑，而是他眼睁睁看着你被毁掉时那种病态的快感。你再也不会把那个人的行为解释为迟钝或是没心没肺了，你现在看待那段恋情时已经有了全新的视角。

一切都得到了解释，一切都有了道理。

从最初的性格模仿与爱情轰炸，到之后的同一性侵蚀与三角关系，再到最后突如其来的抛弃，所有之前讲不通的事情都有了道理。你感觉非常恶心，因为你发现自己其实从未被那个人爱过——你只不过是他邪恶的循环游戏中的一任目标。你也发现了自己在这段恋爱中的表现与以往截然不同，但是这也不是因为那个人有多特殊，而是因为那个人从选中你的第一天开始就在算计你。

你再次回想起那些让你不断胡思乱想的场景，并且发现每一次虐待和冷遇背后都是精心的策划与计算。到了最后你会不无惊恐地意识到，那个你生命中的挚爱，那个你全心全意信赖过的人，从最开始就为你布下了天罗地网。

机器人

由于心理变态没有属于自己的自我同一性，他们可以让自己变成目标渴求的任何面貌。你留心的话其实可以注意到一个短暂的"观察"阶段，在这个阶段，心理变态会热情洋溢地表达自己与你是多么相似，而此时他真正的意图是倾听你描述自己的希望与梦想，然后精心为你向他分享的一切创造一幅经过夸大的镜像。他会利用这种虚假的"共性"迅速和你建立情感联系，让你相信自己找到了完美的灵魂伴侣。那个人会表现得好像对你的方方面面都十分着迷，会恨不得每分钟都给你发短信，还会在你的社交媒体上疯狂地留言，专门为了让你的朋友们也看到。在不知不觉间，这个人开始逐渐占据你生活的全部，你甚至无法想象没有他的日子该怎么过。然而随着三角关系的开始，那个恶情人也终于暴露出了自我同一性的匮乏。他开始使用各种暧昧的手段吸引前任和有可能成为新欢的目标，并确保你能看到这一切。你发现自己开始像侦探一样到处搜寻蛛丝马迹，然而你找到的线索实际上都是那个人一点点灌输给你的。它们让你内心充满嫉恨，并且在看到你的灵魂伴侣几乎公开和别人调情时简直恨得发疯。更为诡异的是，那个恶情人的性格与嘴脸居然也会为了迎合新目标而发生剧烈的变化。你看到那个人赞美着之前完全不屑的食物，因为一点都不好玩的笑话哈哈大笑，简直变成了一个你完全不认识的人。如果你当着那个人的面指出他身上有什么东西变了，你马上就会被指责成"神经过敏"或者"神经病"。而特别让人难受的一点是，心理变态在引诱下一个目标时，往往会用上一些从你那里偷来的性格特征。就像机器人或者人工智能一样，心理变态会从每一个目标身上学习，会随着更换目标而不断自我更新。

动机与虐待狂倾向

围绕着心理变态最常见的一个误解是，像很多影视作品里演的一样，心理变态本人往往也曾经是受害者，他们总有点花样百出的悲惨过去——小时候受过家暴、父亲早逝或者其他差不多的惨事——他们会成为心理变态也是身不由己，他们控制不了自己的行为。

对于这一点，我严重不予苟同。

和其他精神障碍患者不同，心理变态完全知道自己的行为会给他人带来什么样的影响。实际上他们正以此取乐——以看着别人受罪取乐。他们眨眼之间就能找出他人的弱点所在，并且会有意识地挖掘这些破绽。他们其实知道什么是错、什么是对，只是他们选择把是非观念直接踩在脚下。

心理变态的恋爱恶性循环并不是什么情感迟钝造成的副作用，而是经过精心策划，为每个不同的受害者量身定制的，是心理变态有组织、有计划地虐待猎物的手段。想象一下他们要花费多少时间和精力去完全模仿另一个人的希望与梦想，他们会花上好几个月——甚至好几年——去扮演一个与本性完全不同的角色。而他们付出这些心力都只为了一个目的：毁了你。

那个人从来就没有爱过你，哪怕是一星半点都没有。就算是在那些对你倾吐了无数甜言蜜语的时刻，那个人真实的动机都只是观察你、研究你，等待真正的好戏揭开序幕的时机。你有没有注意到，一旦你真正坠入爱河，各方面都适应了这段关系，那个人的情感虐待就开始了？从那一刻起，这段恋情的其余部分你都会在徒劳地试图重新找回那个完美的灵魂伴侣中度过。

问题的关键是，绝大多数幸存者会把心理变态对关注的病态索求与某种孩子气的不安全感画等号。可是实际上心理变态才不是没有安全感呢，他对自己满意得不行，他喜欢自己的模样，更喜欢自己把身边所有人都玩得团团转的手段。你和心理变态的恋爱才不是什么填补他灵魂深处的空虚呢，那个人根本就没有灵魂。心理变态才不是躲藏在难搞的人格背后的迷茫而惊恐的小孩子，他们的心理障碍不是为了保护内心深处的脆弱而修筑的防御机制，他们想要的只有被崇拜和被景仰，你不可能在他们心里找到什么"柔软的角落"，因为那里只有一片无尽的黑暗。

额外需要你注意的一点是，你得杜绝这样的想法："我不和那个人联系了，因为这样就没人给他提供自恋的资本啦。"因为这种想法让你以为自己能够满足那个人内心的某些需求。然而实际上你不能，你永远都不能。心理变态从他人那里寻求关注并不是为了什么自我膨胀的资本，他们本身就已经够膨胀了，而且我可以向你保证，这种人绝对不会有丧失那种自负的时候。他们想要你的关注，只是因为他们可以借此消耗你、摧毁你。你在他们眼里就是用完就扔的垃圾，如果有机会，没准他们也会想起对你进行一下垃圾回收，但是那绝对不是因为他们需要你。

何况你的疗伤过程就不应该和给不给其他人关注挂钩。你要执行"不联系"原则，应该是因为你真心实意地相信自己应该得到更好的对待，而那是一个操纵、欺骗、虐待并且深深伤害过你的人。随着你的自尊心不断回升，你肯定也能逐渐理解，你把那个人从你的生活中永久移除的理由有多么充分。

"那么我自己会不会也是心理变态呢？"

这个让人泄气的疑虑在幸存者之中其实非常普遍，在对那段经历和心理变态这个话题进行了几个月的研究之后，对自己的本性产生一些质疑也是完全正常的。因为这的确是一个非常让人难受的话题，有时候还会有点让人上瘾，当你脑子里总是装着和心理变态相关的知识和印象的时候，你会试着把这些知识套到身边的所有人身上——包括你自己——也是完全正常的。

我来给你找几个能证明你应该不是心理变态的理由吧，因为正在疗伤的你实在不需要再用这种疑虑自寻烦恼。你根本不需要担心这个，而最关键的理由正是"担心"本身。心理变态才不会为自己是不是很邪恶而担心呢，他们什么都不在乎。你会产生这种疑虑——乃至于恐惧——是因为在你看来，心理变态现象实在是太邪恶了，但是心理变态本人才不会把这种人格障碍视作什么可怕的疾病呢，在他们眼里那分明是自己的力量来源。心理变态相信，正是他们在良心上的匮乏让他们高人一等。你也是这么想的吗？我猜肯定不是吧。

以下是你会产生那个疑问的主要原因：

1. 是那个心理变态诱使你这么想的

在你们的整个恋爱过程中，那个心理变态的恶情人都会把自己的错误和缺点强加于你。他一直在指责你缠人、嫉妒、神经过敏、控制狂、邪恶并且疯狂，而你可能也逐渐相信自己就是这样的人。但是这我就得问问你了：你在正常的友谊或者恋情中有过这种感觉吗？你的"恒定量"会让你对自己产生这样的印象吗？如果答案是否定的，那么这个问题里的标准到底是什么呢？以上列举的其实都是心理变态的典型特征，而你只有和那个人在一起的时候才会展示出它们。你离开那个人以后，它们的逐渐消失也绝对不是巧合。

幸存者们总是倾向于主动承担恋情中的所有问题，因为他们相信，如果自己主动去宽容和理解，也许就能挽救那段完美的理想化过程。可是当你这么做的时候，你承担的实际上是心理变态最可怕的一些缺陷，并且你会逐渐相信自己也拥有这些缺陷。在自我同一性侵蚀完成、恋情落下帷幕之后，你会对自己和自己的行为感到恶心也是正常现象。可是你要记住，那时候的你并不是真正的你自己，那时的你是心理变态贮藏毒液的容器。随着"不联系"原则的实施，你会发现自己离开了那个人之后不会表现出任何你以为自己拥有的缺陷，实际上你反而会变得更加温柔、善良、富有同情心，那才是真正的你。

2. 这也是你的性格特征导致的

我记得有那么一句话："不要相信你所想的一切。"在和心理变态分手之后，牢记这句话特别重要。绝大多数幸存者在个性上都有很多共同点，而其中尤其显著的两点正是心胸开阔与对建议的虚心敏感。这两项性格特征都是非常优秀的品质，但是如果你不学着对它们进行适当的控制，它们也会给你招来麻烦与困扰。比如在这种情况下，这两项特征带来的问题是，如果你问自己"我是不是心理变态呢？"，你开阔的思路会自动接纳这个念头进入考虑范围。这和这个想法有没有合理的论据支撑都没有关系，你接受了它，只是因为你的思维很开阔，仅此而已，你会自动倾听来自内心的每一个提案。所以有时候你真的得让自己学会拒绝某些荒诞可笑的念头——比如怀疑自己是心理变态。

　　可惜绝大多数幸存者都倾向于接受那个自己有可能是个糟糕的人的想法——并且不那么愿意用恶意去推测他人。当你的疗伤过程让你恢复一些理智之后，你真的应该改变思路和视角，别再用那么负面的眼光看待自己了。放下和那个人恋爱期间形成的"是我不好，你没问题"的思路，多想想"你没问题，我更没问题"。你得记住这一点，思路开阔虽然很好，但是它也会让你更容易受不合理的建议和催眠的影响，在学着如何利用自己的开放思维的同时，你得把这个认识时刻放在心上。

　　在以上谈到的因素之外，抑郁沮丧的情绪也会影响你的判断。在深陷这种情绪的时候，你意识中的消极思想往往挥之不去，甚至让你觉得它们比积极的想法还要重要。像电脑病毒一样，抑郁情绪的生存机制就是让你保持那种抑郁而沮丧的状态，让你相信那些积极一点的念头都只不过是无知的妄想。但是这些情绪都不是真实的，它们只是大脑在特殊状态下对你耍的把戏。相信我，你不是心理变态。

3. 因为你有底线和边界

不论心理变态的施虐者们如何对受害者进行撒谎、欺骗、言语攻击、迷惑、操纵和冷落，他们都不会产生一点不适感，这些勾当反而会让他们开心。而幸存者们在站出来进行反击和对抗之后往往会心绪难平，甚至感觉很糟糕。可是你完全不需要为此做什么心理斗争，有底线并且捍卫它是好事，故意伤害他人是施虐者的行为。

你可能只是不习惯拥有明确的边界意识而已，实际上，许多幸存者此前也从来没有树立过坚定而明确的边界。和心理变态的纠缠带来的意外之喜就包括让你找到自己的边界和底线。有些人称之为良性自恋，但是我认为"自尊自重"会是个更好的描述。不过对此时的你来说，不管是边界意识还是这种自尊都相当陌生。所以在你逐渐接受它们的过程中，你可能会觉得自己像是个自私又讨厌的家伙，虽然实际上你所做的不过是不再逆来顺受、无私付出而已。

在你逐渐变得强大起来的过程中，你会发现自己逐渐失去了一些实际上也颇具毒性的昔日友谊与联系，这可能会让你觉得自己由于试图疗伤而受到了惩罚。请你千万不要这么想，因为这是你终于变得足够强大，可以把不那么健康的元素从生活中剔除出去的体现。拥有自尊、边界和底线，期待得到他人的尊重都不是心理变态或者自恋的表现。拥有感情的正常人都会有这样的期许。不过有可能曾经围绕着你的一些人并不希望你这么正常——他们更想要一个能无条件迎合他们的需求的人。所以他们才会设法让你因为培养了更健康的习惯而感到不安，让你误以为你自己不近人情，甚至有点心理变态，然而只有自私自利的人不能得其所愿时才会这样。他们会试图让你保持不变，因为这样更随他们的心意。只是那种状况并不适合你，而你能认识到这一点也是因为你有了底线。拒绝他人的无理要求或者向他人索取一些应得的尊重并不能代表你就是心理变态，它们只能代表你变得更加强大。每一次你主动捍卫了自己，你因为心理变态的伤害而失落的灵魂便会回归一点。

4. 因为你是那种恋爱恶性循环的亲历者

心理变态的恋爱关系一直遵循着一个老套而真实的套路：理想化、贬低、抛弃——每次都是，毫无例外。但是他们不是唯一遵循这个套路的一方：你自己的经历其实也一样。唯一的区别可能就是这些阶段出现的顺序。你首先也会理想化那个人，你这辈子大概都没有那样地理想化过其他人了。然后你被无情地抛弃，孤零零地舔着自己的伤口。而当你终于了解到心理变态现象之后，你会开始贬低他们。你会亲手推倒心中那个人理想的形象，就像在自我同一性侵蚀阶段那个人践踏你一样。

这不是正常的分手之后会出现的什么自然现象。当然，很多人分手以后也依旧互相嫌弃，但是那种嫌弃来得可不会这么戏剧化，更不涉及对自己曾经理想化过的每一个特质的解构。然而我必须遗憾地告诉你，为了疗伤，你必须亲自经历一遍这一套完整的循环，从而意识到那段恋情不过是虚假的套路，不过是扭曲的镜像、实现不了的幻影。你必须亲身经历这个不正常的过程，亲手撕碎你爱过的一切，毫不留情、毫不保留，因为那些东西都不是真的，它们从来就不存在。只有走完了那个循环，你才能重新找回自尊和梦想。

你可能还会额外进行一些其他的贬低过程。很多幸存者都会当一阵网络跟踪狂，因为他们想弄明白到底发生了什么。虽然社交媒体的确能让你得到一点和真相有关的线索，但是你一定要记住，这种行为对你的疗伤过程弊大于利。网络跟踪狂行为也是和心理变态保持联系的一种方式，而且对你完全没什么好处，它可能会让你上瘾。当你什么都顾不上，只是坐在电脑前等那个人更新状态的时候，那个人对此一定是完全知情的，他肯定还对这种现象所赋予他的力量十分中意。而且你要知道，虽然隐藏得很好，但是那个人也一定在对你做着同样的事情。那个人可能宣称自己很久都没看过你的脸谱主页了，结果会在无意中引用了某些你发过的内容，或者他会表示自己根本没想到你会打来电话，内心想的却是你怎么过了这么久才想起打过来。所以千万别让自己再次落入心理变态的圈套。网络跟踪狂行为是不健康的，应该用自制力加以控制。

在和心理变态恋爱期间以及分手之后，你可能做了一些不那么光彩的事情——你撒过谎、疯狂地索取过关注、发送过一些疯狂而愤怒的邮件。但是这些都不代表你就是个心理变态。从某种角度来说，你需要原谅自己，然后让自己努力做出更好的选择。你和你那个恶劣的前任毕竟不一样。挣脱出那种有毒的恋爱循环的确很难，但是你一定做得到，只有离开了那种循环，你才能重新开始寻找正常的恋情。

5. 因为你的情感共鸣能力受到了强烈的冲击

你可能会感到长期的空虚和麻木，这在经历过心理变态的情感虐待之后是正常的，而且这种麻木并不等同于心理变态现象。这只能代表你的情感经历了残酷的践踏，而它需要一定的时间来恢复正常。此时，心理变态在感情上也是麻木不仁的，但是他们天生如此，他们从来不会因为失去纯真而悲伤，更不会因为心碎而陷入沉思。

你的感情和情感共鸣能力只不过是暂时蛰伏，就像冬眠的熊一样，它早晚有一天会以更加强大的姿态苏醒。当一切过去之后，你会变得更加悲悯，也更加富有洞察力。所以不要因为一时的麻木而忧虑，这种麻木总会过去，它会被更好的东西取代。

还记得我建议过你，在头几个月里不要太急着缔结新的友谊或者恋情吗？其中的原因在于，结束了与心理变态的关系之后，你很难在其他人身上找到近似强度的爱情或是激情，你会感觉有些失望，而这种失望又会让你觉得自己像是个坏人，居然开始责备起新伴侣不够体贴、温存。你不能让自己不断陷入这种关系之中，因为这只会伤害你自己和你身边的人，并让你被负罪感淹没。这对你严重受损的情感共鸣能力来说更是雪上加霜。

所以不要勉强自己去完成那些不可能完成的任务了。多花点时间自省吧，去试着做你自己最好的朋友。当然，自省也要有一定的限度，总有一天你得停止裹足不前的思考，开始重新投入生活。这可能需要花上几年的时间，但是一旦你的心灵准备好重新面对世界，它会对你发出信号的。自省过度也会让人疯狂，但是恰到好处的自省只会为你带来智慧与创造力。

6. 因为你对邪恶有了更深刻的认识

很多幸存者都曾经相信人性本善，所有人都有好的一面，直到心理变态用残酷的现实打破了他们那幸福的无知。你对心理变态越了解，就越了解人的本性。你现在理解了心理变态欺骗你的动机与方法——你理解了他们如何玩弄你的不安全感，如何用虚伪的爱情冲昏你的头脑，让你的大脑对那种多巴胺刺激成瘾。这让你也猝不及防地看见了自己内心的一点点黑暗，就好像你距离那种邪恶太近，以至于被它浸染了一样。因为现在的你也知道了如何通过花言巧语让他人死心塌地，更知道了如何调动情绪把某人逼上绝路。这些完全是你宁愿自己从未了解过的知识。但是想想看，你会亲身实践它们吗？肯定不会，对吧？你的良知会阻止你的。这是你和心理变态最根本的不同。你们可能拥有同样的知识，但是良知决定了你们在行为上的差异。所以不要担心，你对这个世界和这个世界上的人的那些新认识，完全不会让你变得更邪恶。

J.K.罗琳曾经如此写道："每个人内心都有光明和黑暗，而重要的是我们知道如何从中做出选择，这决定了我们成为什么样的人。"在你的康复之旅中，我希望你可以记住这句话。我们每个人心中可能都住着属于自己的魔鬼——让我们彼此不同的是应对它的方式。

还记得那些对心理变态一无所知的美好时光吗？那时的生活多美好啊。那时的你是否产生过邪恶的念头？你友好的举动背后是否潜藏过充满控制欲的动机？你做好事是否总是别有所图？我猜你的答案肯定都是否定的。你只有在遭遇了那种黑暗之后才开始质疑自己。这就已经足够证明，你不是一个心理变态，从来就不是。随着你受伤的心灵逐渐痊愈，当你的感情与情感共鸣能力终于复苏的时候，你会重新找到内心的平静的。

那个心理变态曾经让你以为关注和赞扬可以被当作武器和工具，但真相并非如此。适当地接受一些赞美，或是稍微享受一点被关注的感觉不会让你成为心理变态。你要学着适应来自正常并且健康的人们的关注与赞美，不要让你关于使用这些东西操控他人的认知阻止你享受生活中最美好的东西：正能量。

你不是心理变态，你与心理变态截然相反。正因为你完全是心理变态的反面，你才会提出"我会不会也是心理变态"这个问题。

迟来的情绪

症状：狂怒，抑郁，极端的嫉妒，思绪难以控制，愤恨，强烈的想要联系施虐者并对其进行控诉的欲望。

一旦你对心理变态有了相当的了解，你肯定会产生诸多负面情绪。所以想办法让自己舒服一点吧，这个阶段持续的时间会有点长。

在这个阶段，所有你在那段情感中不被允许表露出来的感受都会不断涌现。还记得那些你为了留住那个人而不得不强压下去的情绪吗？它们其实还积压在你的心底，并且一直在你的脑海里以自我怀疑和焦虑的形态折腾个不停。但是你现在终于理解了心理变态的游戏规则，这让你的感受又多了几分恶心，你觉得自己受到了欺骗、操纵以及蹂躏。

狂怒

所以你的自我怀疑转化成了愤怒。你已经知道了事情的真相，你知道了自己是如何被驯服、被洗脑、被利用的，这让你简直出离了愤怒。你想亲手干掉那个人；你想让他认识的每一个人都知道他做了什么缺德事；你想给那个人写一封信告诉他你祝他不得好死……你开始着了魔似的拉着家人和朋友聊自己的经历——你想要让更多人知道自己身上都发生过什么。你的声音被忽视太久了，而现在你终于可以用它自由地表达了。

在恋爱期间，只要你试图指出那个人在撒谎或是欺骗，他就会掉转矛头开始指责你，让你的怒意被羞耻感和难过取代。而那被这种认知失调长期压制的愤怒现在终于有了出口。随之而来的可能还有迟到的嫉妒，因为你终于意识到那个人背叛了你多久——而且还用你的行为去博得新欢的同情。那种无耻行径会让现在的你产生强烈的为自己辩护的欲望。

这种迟来的愤怒基本上是与心理变态的关系结束后的既定后续，不过它可能会在分手后的几个月乃至几年之后才到来。不过不管它来得是早是晚，我都恳求你不要把那种怒意付诸行动，它不可能带来任何好结果。你一定要尽最大的可能保持冷静和克制，因为心理变态想要的就是你在愤怒中爆发，这样他就有了向他人证明你确实非常疯狂的证据——还能同时证明你依旧在意他。哪怕你和那个人已经结束很久了，心理变态还是有办法把你的狂怒用作构建三角关系的素材，哪怕你坚守着"不联系"原则也一样。

何况愤怒并没有什么实质的作用，它是你的疗伤过程中必不可少的一部分，但是它也不可能给你带来长久的平静。毕竟我们的疗伤之旅最主要的目的就是让你重塑自尊与自爱——让你知道自己值得更好的。

抑郁沮丧

你会在抑郁和愤怒之间来回摇摆很长时间。在这个阶段你会经历剧烈的情绪波动，比如晚上睡觉前你感觉一切都很顺利，随时都能步入新生活，第二天早上起来你却只想抱着枕头痛哭一场。

你一点也不想让自己这么悲伤，你更不想让自己这么愤怒，你只是爱上了一个人而已，为什么你要因为爱情而受到这种惩罚？

你会发现自己很难不去想那个虐待过你的人。你看到的每对情侣都让你想到自己失去的感情，广播里似乎总是播起那首凝聚着你们回忆的情歌。你想借酒浇愁，却往往以哭得难以自持收场。

所以你开始忽视自己和身边的一切，一头扎进在线论坛和能够理解你的人们中间。你的思绪飞驰，着了魔一样难以控制，随便一点小事都能激起你剧烈的反应。同时你的边界意识也在逐渐回归（或者逐渐建立），所以你曾经在那段恋情中任自己沉沦这件事看起来也显得非常不可思议。直到这时候你才意识到自己曾经迷失得有多深，知道自己为了那个恶人付出了多少，不仅仅是朋友、金钱和生活经历，还有你的快乐与幸福。你曾经充满善意的世界观崩坏了，现在的你很难信任任何人。

你开始注意到胸中那种挥之不去的恐惧与紧张——你心中的恶魔似乎用利爪紧紧地握着你的心脏，无时无刻不在提醒着你，你想要忘记的一切不会就此消失。

当善解人意的人开始自我解构会发生什么

我相信所有善解人意、善于与他人产生情感共鸣的人从某种角度来说都有一种"自我解构"。当我们竭尽全力都无法阻止一段情感关系走向崩溃，并且意识到自己不管做多少都不够的时候，我们往往就会开启这种模式。而在这种模式中，我们主要会经历以下几个阶段：

1. 努力过度

在这个阶段，你会拼命地试图移情于身边的一切人与事。你开始不断接触陌生人，试图给他们你认为他们需要的，并期待他们给你爱与感谢作为反馈。你毫无节制地把时间和能量释放在需要帮助的人身上。在这期间，你可能会发现自己勉强认同许多内心深处难以接受的事情，与许多人建立你日后必定会后悔的联系。这都是因为你无论如何都想证明，同理心和情感共鸣能力能够改善任何状况、任何人。

2. 愤怒

到了这个阶段，你可能还是拒绝承认自己结识了一群索取无度的人这个事实。但是你意识到自己的努力毫无成效，这让你感到异常愤怒，并开始向过去的自己和自己认同过的一切宣战。你再也不想做好好先生或者好好姑娘了，再也不想逆来顺受、任人摆布了。这种过犹不及的否定让你变得有些令人生厌，在这个阶段，你很有可能会失去一些朋友。

3. 孤独

在每个"梦想家"的旅途中，都会有很长的一段路是要孤零零一个人走完的。这在一开始会非常难熬，特别是在你已经习惯了主动寻求赞许，并从中寻找价值感的前提下。但是这种孤独会随着时间的推移变得舒适、宜人起来，没有了耳边他人的反馈，你终于有了应对内心挣扎的机会。此时除了你自己，不会再有别人对你做出评判，这是一个发现真正的自我的绝好机会。正是在这段孤独中，我们能够开始重新建立之前被黑暗抹杀的自我同一性。

4. 平衡

此时的你终于找到了平静应对前三个阶段中的情况的方式：你不需要和所有人共情，还是把你的同理心留给值得你在意和信任的人比较好——那些能给你相应的回馈的人。你也不需要用不近人情的面目来避免逆来顺受，随时带着自尊心和边界意识正常生活就好。最重要的是，你不需要为了自我保护而把自己和世界隔绝开来，总有善良的人存在，一旦你完成了自我解构与重组，你最终能重新回到那个疯狂而美丽的世界中。当你建立了这种健康的心理平衡时，你的优秀品质也会再次发挥积极作用，并让你受益终生。

我们可能过了几年乃至于几十年都不会开始自我解构。虽然初始阶段会非常难受，但这一进程对所有善解人意、善于共情的人来说都是值得而且必要的。只有通过这种自我解构，我们才能学会树立边界，学会用更智慧的方式去爱这个世界。

揭开心理变态的画皮：我应该警告他们的下一个目标吗？

好啦，现在我们走到了这一步。通过一次幸运的谷歌检索，我们读到了关于心理变态的为我们打开新世界大门的文章，我们的疑惑得到了解释，而伴随着真相而来的是震惊、恐惧、愤怒之类的极端情绪。

我们之中的很多人对此的第一反应可能都是这样：

1.我要去揭发那个心理变态。

2.我要去警告他的下一个目标。

不得不承认，把你的发现写成煽动性的邮件发给前任和他的新欢，告诉他们你知道他是个什么货色这个念头，的确挺有诱惑力的。

你认为事情的进展应该是这样的：心理变态会因为你知道了他的真面目而异常惊恐、方寸大乱，因为终于被揭开了那张永远挂着高人一等的冷笑的画皮。他的新目标认真地读了你的信，发现了那些危险信号，立刻坚定地甩了心理变态，而你们成了可以每天一起喝咖啡的好朋友。

然而事情的真实进展肯定是这样的：心理变态拿着你的信，向所有人证明你有多疯狂、多怀恨在心以及对他多不死心。你要知道，了解心理变态现象的人实际上少之又少，所以大家反而会把你看成一个痴情而无法正确面对拒绝的可怜人。你的信息被用于给新目标营造三角关系，让他感觉自己很特别，你的"疯狂"反而把那两个人联系得更紧密了。新对象本人也会对你的警告充耳不闻。想象一下，在你自己被理想化的那段时期里，如果有人写了封信说你的

"灵魂伴侣"是个心理变态，你会相信吗？

如果你已经做了这种事，那你也不需要太担心。生活在继续，这些事情早晚都会过去，而且没准你的行为也的确能造成一点积极的影响。比如那个新目标也不幸被心理变态抛弃之后，他也许会回想起你曾经试图发出警告，并对你的此举充满感激。不管怎么说，经历过那些事情之后，你会产生想要报仇的愿望也没什么好羞耻的。

但是比起报仇雪恨，你还是更值得过上幸福快乐的生活，不是吗？而快乐往往始于"不联系"。你的心灵需要大量的爱与时间才能恢复，因此你总是把精力放在解构有毒的恋情上可不行。

你完全可以找人尽情分享自己的故事，可以尽情发泄，甚至可以写信——只要不把它们发出去。这都是你疗伤的必要过程。就像我们的在线社区的数以千计的会员能够通过亲身经历告诉你的，一切总会越变越好的，只要你坚持"不联系"原则，总有一天你会对那个人和他的新感情毫不在意，开始为了自己而活。毕竟我们这段漫长的旅程的重点就在于成长、自尊、温情和幸福啊。

完整的创伤后压力综合征

症状：麻木，感觉和世界脱节，闪回，不断涌现回忆，排斥爱情和性爱，感觉有两个自己，孤立。

一旦所有情绪都逐渐过去，你肯定会感觉疲惫不堪。因为你知道，你总不能永远在愤怒或者沮丧里打转吧。正常的情绪宣泄总有个限度，过分沉溺于情绪会让人上瘾。你很清楚自己不可能再回到那个施虐者身边了，而已经发生的事实也无法改变。

所以下一步要怎么办呢？在经历过那样的虐待之后，你要怎么重归日常生活？没有了那些你早已习惯的赞美与奉承，你的每一天要如何过得开心？这个世界看起来好像完全不一样了，它变得枯燥、无望、毫无生机。

你发现随便一点小事都可能让自己爆发，以至于你很难享受新的约会或者和朋友的聚会。你随时都处于高度警惕之下，在交往中总是留意着会不会出现什么警示信号。任何毫无恶意的笑话都可能冒犯到你。你内心深处的恐惧似乎从未散去——它在不断地告诉你，身边的任何一个人都有可能伤害你。就算你成功地和他人一起打发了一些时间，你还是会在事后过度地分析这段经历，甚至列举出所有也许不应该让这个人在生活中继续出现的原因，然后再因为自己产生了这样的想法而感觉愧疚和羞耻，开始为自己不够忠诚而自责。哪怕心理变态已经离开了很久，你也还是会把那种恐怖强加于自己生活的每一个方面，日子过得草木皆兵。

有悖于普遍认知的一个事实是，并不是只有经历过战争的老兵或者绑架案的幸存者会受到创伤后压力综合征的困扰。你的经历和表现正符合这种心理障碍的几条主要描述：

1. 曾经被暴露在创伤性活动之下：来自爱人的情感虐待的确属于改变人一生的创伤性行为。

2. 持续不断的再体验：通过心理变态那种"胡萝卜加大棒"的循环，你一直持续体验着他们的虐待。

3. 持续的回避行为和情感麻木：这是你为了替那个人的行为开脱而产生的应对机制。

4. 之前从未出现过的兴奋症状持续出现：在延迟的情感体验阶段你会感受到这一症状以焦虑和恐惧的形态出现。

5. 症状持续时间在一个月以上：绝大多数幸存者都需要至少十二至二十四个月才能全面康复，重新拥有爱与信任的能力。

6. 受到了严重的损伤：说真的，你现在感受到的是什么？要我说用"损伤"来描述它可能都算比较轻了。

一旦你认识到自己脑内的化学物质实际上也受到了这段经历的影响，你应该能更加放松地去寻求专业人士的帮助了，因为他们毕竟了解如何应对这些康复中的障碍。罹患心理疾病并不是值得羞耻的事情，你唯一需要关心的事就是找到最有效的帮助。我个人就曾经在一位专长为伴侣虐待的心理治疗师那里有过一段非常愉快而有效的治疗体验。和她共度的时间彻底改变了我的生活，我现在能够享受心灵的平静，有一多半都是她的功劳。记住一点，和其他领域一样，也总有一些所谓的"专业人士"不怎么称职或者敬业。在选择咨询师或者治疗师的时候，别忘了你完全有权利对他产生好感或者厌恶，你最终敲定的那一位应该是你百分之百满意的，在做这种决定的时候，你不妨相信自己的直觉。

真相总会胜利

那些遭遇过心理变态、反社会型人格者或自恋狂的人往往感觉自己简直是接触到了纯粹的邪恶，并且会继续被难以解释的焦虑、自我怀疑以及内心的阴影困扰。那感觉就像有人榨干了你的生命，让你对曾经给你带来过快乐的一切都变得麻木不仁。没有良知的人对富有同理心的人往往就是有这样的恶劣影响——洋溢着激情的灵魂和没有灵魂的空壳之间的碰撞必定产生改变人一生的后果。但是随着时间慢慢过去，你会发现那其实是你一生中最重要的一段经历。它让你看清了世界的真面目，也看清了真实的自己。你的力量会逐渐复原，你的心灵也会变得坚不可摧。

"脑内重演"

创伤后压力综合征带来的常见感受就是无力感。在虐待进行的当时和之后，你都会因为无法改变自己所处的现状而感到无力和无奈。你知道自己被那个人迷惑、愚弄、利用并且抛弃——可是你无法避免这样的命运，你什么都做不了。而就当你觉得自己已经坠入谷底的时候，那个心理变态居然还不依不饶地剥夺了你最后的一点尊严。他想要的就是让你的行为越来越丢人、歇斯底里。更让你难受的是，不管心理变态的行为是多么恶劣，到了最后他看起来都像是胜利的一方。（关于这一点，我会在之后的章节中细讲。）

　　而一旦你意识到了这一切都是那个人玩的一场游戏，你会越发被令人窒息的无力感压倒。你回想起每一次自己向那个人低三下四地恳求，意识到那个人在安静地欣赏着你的表演；你回想起每一次自己因为疯狂和嫉妒被责骂，意识到自己其实一直都是对的——是那个人在欺骗你。你这么对自己说："如果那个人再联系我一次就好了，这样我也可以让他尝尝被冷落在一边的滋味。"

　　这就是所谓的"脑内重演"。在我看来，这也是你的心针对完全无能为力的情况找到的自我治疗手段，你的想象力正是抵御心痛的有力武器。所以你完全可以允许自己尽情在想象中重演那些萦绕不去的场景，用想象力去改变它们。诚然，我们恼人的理智肯定会提醒我们"这些都不是真的"，但是我们至少能决定幻想中发生些什么。

　　也许面对那个人的恶意指责，你不再低三下四地恳求，而是一笑置之；也许你不但不再对那个人道歉，反而义正词严地要求他给你赔个不是；也许当那个人冷落你的时候你不会再伤心哭泣，而是用更加残酷的冷遇回击；也许你不再会被残忍地甩掉，而是成了潇洒离去的那个人。简单地说，通过"脑内重演"，你可以在想象中尽情改写那些羞耻而痛苦的场景。至少在你的想象里，你不会再让那个人从你的慌乱、崩溃中获得满足，你会用自己关于心理变态的知识让自己平静，并最终击败那个恶情人。

在一段虐待关系之后，这种现象不仅是完全正常的，我甚至认为它比起单纯地一遍遍回忆伤害本身要健康多了。毕竟在那个人剥离你的价值的阶段，你也曾经使用自己的想象力来消化那些虐待，并且强行浪漫化上那些那个人身并不存在的美好品质。所以你怎么就不能把同样的想象力用在应对痛苦上呢？完全可以啊！

随着时间的推移，你会逐渐不再以记忆中那个焦虑紧张、心碎狂乱的自己为耻。你知道自己是一个好人，只不过当时遇到了恶劣的局面，而那些令人难堪的情绪崩溃是你的美德被侵蚀之后的产物。我自己花了很长时间才得出这个结论。但是当我现在看看印象里那个一团糟的自己时，我对那时的我实际上抱有一种奇特的仰慕：在那种完全无解的情况下，我已经做了能做到的一切，这一点值得我尊敬。当然，某一部分的我其实也非常想穿越时空回去拉那时的自己一把——只是哪怕真的能这样重来一下，我也不觉得那会有什么帮助，那时的我不一定会接受，现在的我也得不到成长。

应对黑暗过后的新伤痛

经历过心理变态的影响之后，生活看起来像是停滞了一阵。你把自己所有的能量都倾注在研究和疗伤上了，以至于在你努力重寻自我的同时，你身边的世界好像也止步不前了。然而生活还是在继续，在推着你前行，总有些令人痛苦的事情会不可避免地发生。它可以是亲友的离世、再一次的失恋、重大疾病、失去心爱的宠物，或者其他可能出现的变故。总之只要你还活着，就很有可能再次在生活中经历伤痛和打击，但是心理变态的影响改变了你的心态。你会发现自己经常这么想："如果我从来没遇到过那个心理变态，现在这样的痛苦我也许能应对得更好。"

这只会让你更加悲伤，并且不管遇到什么打击和挑战都会下意识地联想到那段有毒的恋情，哪怕它和你的遭遇毫无关联。你再次遭遇分手时尤其会这样想。因为你终于在另一个人身上找到了一丝欢乐与希望——你终于开始逐渐遗忘那个恶情人，所以一旦你再次失去恋情，哪怕那个心理变态已经成了遥远的回忆，那段恶因缘留给你的感受还是会卷土重来。

不过我倒是不觉得那些感受真的是那个心理变态留给你的。那只是你的心灵在那段遭遇的洗礼之后发生了变化，它现在更加敏感，更容易感受到悲伤。你可能觉得这是一件坏事，因为它让你在最需要力量的时候反而变得更加脆弱。

但是那种负能量实际上有着更重要的意义。不要再沉溺于挖掘昔日的回忆了，你要学会放手。如果你想哭，那就尽情地哭泣吧，只要在哭过之后记得努力用爱的力量治愈你自己和他人的伤痛。这样肯定会让你筋疲力尽，但是伴随着这种疲惫而来的也是内心的平静，你会感觉与自我有了更深层次的联系。

诚然，遭遇过心理变态之后，你应对悲伤的方式和心态都发生了永久性的变化，但是这也并不一定就是坏事。虽然最开始你会因为不知如何引导这些情绪而痛苦不堪，并会因此想起心理变态给你带来的那段糟糕的日子，但是那时的你一定很快就会学会健康地引导负面情绪的方法。

而且当你再次遭遇低谷时不妨想想这一点：因为心理变态带给你的那段经历，又有多少事应对起来变得没有那么难了呢？绝大多数幸存者都收获了更好的友谊和恋情、自尊自爱与边界意识，以及对人性更好的理解。

有时负面情绪的确会像雪球一样越滚越大，所以你应该记住自己做过的努力，并且给从人生的最低谷奋力爬出来的自己一点夸赞。

因为你已经战胜了黑暗，你再也不用害怕它了。

尴尬与羞愧

在度过了悲伤的几个早期阶段以后，许多幸存者都会为那段恋情的余波和其中的自己感觉万分羞愧。他们难以接受自己曾经深深沉沦的事实，难以面对曾经向人乞求接受与肯定的自己，那感觉就像是对灵魂的侮辱，而且这种羞耻感来得还有挺正当的理由。

更糟糕的是，你可能还花费了很多时间在依旧愿意倾听的人面前捍卫自己——因为你想向别人解释你在那段恋情中地位的变化究竟由何而起。你想告诉他们那个恶情人根本就不像你之前说的那样完美，他实际上是个有虐待狂倾向的心理变态。

在毫不知情的情况下，虽然情感关系早已结束，幸存者们却还是倾向于从外界寻找肯定和认同，这是你把自我价值意识建立在心理变态的意见上太久养成的习惯。假如你在和别人相处的时候依旧沿用这种模式，那么你很有可能会留下一些非常尴尬的回忆——如果你曾经以自己的积极独立为傲，这种尴尬、难堪更会显得特别糟糕。

那感觉就像是你到目前为止一直晴空万里的过往突然蒙上了一片阴云。你的生活和思绪都像是断了线的珠子滚落遍地，让你理不清思路、找不到真相。在几个月之后，你可能才慢慢开始把散落的珠子一颗颗找回来，你这样做的时间越长，你才能越了解自己身上到底发生了什么，并意识到自己的行为可能给别人留下什么印象。

但是你不用再为此给自己平添忧虑了。原谅你自己，向前看吧——因为其他人早就这么做了。除了你自己，其实没人会那么在乎你，这句话肯定不太中听，但是我相信它能有效地让你放下对这种事的芥蒂。你得记住这一点，家家都有本难念的经，每个人每天都有自己的事要忙，绝大多数人根本记不住你一个星期之前说过什么丢人的话，除非你主动并且没完没了地提起那件事。

何况你的目标应该是着眼于当下。未来的生活中还会有很多好事情在等待着你，你对自己和世界的新发现会远超你的想象。寻找散落的珠子这件事的迷人之处就在于，你往往会在一些意想不到的地方找到它们。

认知失调的反复

老话说，时间能治愈一切伤痛，这句话在一定程度上是正确的。但是就我们的疗伤之旅而言，它也不是没有问题，这个观点实际上是在鼓励你逐渐忘记那段恋情中的各种不愉快。这实际上是你心灵的一种治愈机制——一种保护自己免于被回忆伤害的选择性失忆。长此以往，你可能会开始考虑宽恕你的前任，约他出来见个面、吃个饭，甚至达成某种程度上的和解。

可是我得提醒你，千万不要犯下这样的错误。这么做只会让你重新被拖进心理变态邪恶的游戏之中，那种念头不过是你重新梳理那段回忆时，基于康复过程带来的幸福感与乐观情绪的一厢情愿，虽然这并不是坏事，它毕竟会让你的情绪改善许多，但是你真的不应该实践这样的想法。你最好把这种念头的产生单纯地看作自己努力的成果。你得明白，你现在感觉好多了，是因为你一直在远离那个心理变态，而并不意味着你准备好去做个了结。让那个恶情人重新进入你的生活，只会让你重回难熬的早期阶段。

我会在本书的最后一章详谈关于宽恕施虐者的内容。就现在的状况而言，你只需要做好两件事就够了：坚持"不联系"原则，并且对你自己好一点。

创伤与"两个世界"

在康复过程中有一个比较诡异的部分：你会觉得自己好像分裂成了两个人，一个是遇到心理变态之前那个愉快而容易相信他人的你，一个是你眼中自己现在那令人不快的妄想狂的面貌。但是我认为对于这种现象可以有个更好的解释，也许分裂成两个的并不是你自己，而是你眼中的世界：一个是你每天看得见摸得着的物质世界，一个是你内心深处的世界——它把你与世间万物紧密相连。当我们还是孩子的时候，我们与这两个世界天生就有着同等强大的联系，在我们一点点成长为社会人的时候，我们的选择逐渐偏向了物质世界，而联结着你与内心世界的纽带被不断弱化。作为这一点的补偿，我们开始为自己建立一道强大的防线——用它让我们在自己选择的世界里感到自信而安全。这道防线保护着我们内心深处的不安全感、虚荣心与缺陷。它让我们学会了向外评判，而不是向内自省，从而感觉舒适、自然。从我们建立起那道防线的第一天起，我们就在教自己如何变得"强大"，但是这种强大完全是由物质世界定义的。

然而，生活中的各种逆境——比如艰难险阻、失去以及心碎——会像砂纸一样一点点磨平我们的防线。所以我们会缓慢地和内心的另一个世界重新缔结纽带，从中汲取智慧、学习同情和体谅他人。而在那之后我们会回望年少一些的自己，并在对比中因为自己彼时的令人不快而感到羞愧。至少我理解中的成长就是这样。

但是创伤是另外一回事。

它不是逐渐磨平你的防线的砂纸，而是一击便足以摧毁防线的冲撞。一旦你的防线崩溃，你就再也不能按照原样重建它了。创伤强行切断了你与世界的联系，你开始对身边的一切大肆抨击并伤害他人，你过度在意其他人的行为，却忽视了自己的行为可能造成什么结果——毕竟你早已习惯了这样看世界。你极端依赖他人，一旦有人愿意倾听你的故事，你就会绝望地抓住他们不放。你对那些曾经给你带来快乐的事情都变得麻木不仁，只好充满感情地怀念着过去的自己，因为那个你看起来要快活得多。

你可能的确是一团乱麻，可是这团乱麻存在于哪个世界呢？

在你疗伤的过程中，你可能会在那些你自从童年结束后就再也没有探索过的角落寻得心灵的平静。那些角落可能是想象力、灵性或者爱——我说的是真正的爱，而不是心理变态让你渴求的那种自恋而不稳定的垃圾。你开始用同理心和同情心填补内心的空虚，而这些品质其实从最开始就在你的世界中存在。

泛泛而不走心的社交再也满足不了你了。你开始向拥有相近思维的个体谋求深层次的富有哲学性的对话。你可能会发现自己不再能适应曾经喜欢的许多社交场合。他人如果不能理解诸如心理变态现象或者同理心之类的话题的重要性，你会感到非常失望，因为你忘记了绝大多数人依旧舒适地躲藏在他们的俗世壁垒之后——就像遇见心理变态之前的你一样——因此对这些问题茫然无知。

所以你开始挣扎着在这两个世界之间寻找平衡，并把遇到的困难都归因于自我的分裂，因为你发现不管付出多少努力，你都不可能变回从前的自己了——那个更快乐也更纯真的存在。但是与此同时，你发现自己与别人的互动变得健康多了，你现在有了自尊、边界意识以及独立的自我价值。你确信无疑地发现，你并不需要那一道俗世壁垒来成为你自己。而且随着时间的推移，你还会发现自己根本不需要防线来保证自己的幸福。你的自尊这一次完全来自你自己。你现在终于清楚地知道了，我们生活的宇宙对愿意倾听它声音的人是多么慷慨。

一旦你终于舒适地与自我相处，你就会发现那可怕的创伤从未真正摧毁你。它虽然摧毁了你的防线，却也打开了你与另一个世界——与全部的人性——之间的联系。你孩童般天真烂漫的美德从未失去，它们一直与你同在，而现在的你也成长得足够明智，可以在两个世界之间平静地存在，并且满怀智慧与欢愉。

你能感知到他人的痛苦，并借此建立更深层次更有意义的情感关系。你意识到自己所拥有的品质是如此特殊，以至于不能轻易与随便什么人分享。倾听来自这个世界安静一些的角落的声音会让你平静，你再也不介意独处，因为那只是你可以在内心的世界中度过的时光而已。

所有经历过创伤的幸存者都应该牢牢记住这一点，因为它十分重要：你身上没有任何问题；你是美丽的；你曾经被置于完全无解的绝境，但是你活下来了；你被强行剥夺了纯真；你遭受了残酷的蹂躏，但是这段经历让你得到了他人究其一生都未必能寻回的东西。你的道路注定布满荆棘，但它是独一无二的。你会走上这条痛苦的路也许正是因为上天对你有着别样的安排。你要知道，总有一些人永远也找不到精神世界的入口，比如那些心理变态。心理变态在精神层面的世界中没有容身之地，这也是他们憎恨有同理心的人类的真实原因。你的存在对他们来说就是一个残酷的提示，你代表着他们永远无法得到的一切，他们将终生困顿于眼前的物质世界，和这个宇宙或其中的生灵全无更深层的联系。

有时我会相信，精神世界也会照进物质世界的现实，而且你也的确可以感受到它。它是那些你切身感受到过的他人的悲伤，是那些你发自内心为友人的欢愉感受到的喜悦，是那些当你和另一个人互相思念时奇妙的默契与共鸣。而当你翻开这本书的时候，我相信我们——读书的你和写书的我——也是在精神世界里紧密相连的。

所以我希望你能想象一下这两个世界相融的情形：我们的感受和共情也许都会以肉眼可见的方式呈现；我们的精神化为飞鸟，唱着欢乐的歌在长空中翱翔；我们的痛苦是缠绕着灵魂的棘刺丛生的藤蔓，是受害者心灵中闪烁的微光；而我们的欢乐一定有着明亮的色彩，它们从我们的心中散发着耀眼的光芒。这样的世界将会是多么美好，但是心理变态注定无法成为它的一部分。因为如果这两个世界相融，其中诞生的新世界一定会充满同理心，而心理变态在其中无法生存。

所以让我们一起把这个理想化为现实吧，让我们驱散黑暗，让我们教每一个富有同理心的人认识到他们自己的美。永远不要为你过去的阴影感到羞耻，你并不是平白无故走到这一步的，而这里也只不过是一个起点。

纯真的丧失

症状：深层次的悲伤，孤独，哀悼，接受现实，看待世界的新角度，希望，意外获得的智慧。

伤感和抑郁之间存在着本质的区别。抑郁置你于无望和惊恐之中，让你的思维麻木。而伤感实际上是美丽的——是你的灵魂迎接新的开始之前那一个温柔的瞬间。

真正的伤感往往代表你终于到达隧道末端的光明。你的心已经准备好了去迎接最后一个转变，而非更多的空虚与不安。你已经不用再为失去灵魂伴侣而哀悼了——你现在终于可以开始哀悼自己，只为自己而悲伤了。你不再会永远第一时间想着别人了，这时候你突然开始思考自己到底失去了什么。

绝大多数幸存者可能认为自己失去了很多东西：友谊、金钱、事业上的机会、自尊、健康以及尊严。但幸运的是，这些失去的东西都是可以一点点找回来的。当你回归自己的本源后，你会发现那一切都回到了自己身边，其中一些甚至还能得到改进——比如友谊和恋情。

你唯一永久地失去了，再也不能找回来的只有一件东西：你的纯真。我们这里谈论的纯真和无知或者幼稚都毫无关联，它指的只是那种单纯而善良的对人性本善的信念，以及你全心全意给予他人爱与信任。这才是我们谈论的所谓纯真。

伤愈前行的你，眼中的世界终究不再会是你原本以为的样子。

这并不代表你会变得过度警觉或了无生趣，这只意味着你会用更加切合实际的眼光去看待这个世界和身边的人们。你不再会直接把善意投射到他人身上，你会先观察他们的行动再做决定。你看，这并不是什么坏事，只是在最开始的时候有一点令人悲伤，因为你只有彻底失去纯真的时候才能意识到这一点。

许多幸存者在一生中的大部分时间里都很难直接表达出悲伤或愤怒，因为身边人对他们的期待就是能永远心情愉快地服务他人。这让他们执拗地倾向于看待事情最好的一面，哪怕现实其实根本指向相反的方向。但是你会发现在心理变态身上实在是没有什么最好的一面可以发掘，你的善心照不亮那片黑暗。但是你还是会去尝试，你的认知失调就是这么来的。一连几个月的时间里，你都在理想化与贬低对方之间摇摆，试图去确定哪一个才是真实的。你还试图让自己相信那个人的确爱过你，因为他红口白牙地这么对你说过。可是你回想了那个人的行为，发现它们不能和那些言辞相对应。而且你几乎是本能地知道，爱情不会体现在辱骂、批评、背叛和谎言之中，爱情不会让你想要自寻死路，爱情不会因为你感觉很受伤就对你冷嘲热讽。

你这样想得越多就越愤怒而沮丧。那个人逐渐占据了你生活的全部时，你内心那道纯真的光芒就逐渐暗淡了，这道光改变不了他的行为，只好试图接纳它们，并因此而濒临熄灭。随着时间的推移，你会体验到前所未有的震怒与空虚，可是你也许根本不知道如何把这些情绪表达出来。所以你只好在表面上依旧维持着符合身边所有人期待的愉快，你不想让自己的感受给别人添麻烦。但是在内心深处你知道有些东西变了，那道光芒马上就要熄灭了，你突然发现自己对一切都充满了怨恨，许多人都让你生厌、惹你发怒——而你曾经以为那些人是你的朋友。

在每次交际过后，回到家的你可能都会花上好几个小时分析这一天发生的事情。在那群人里打转的人是谁？感觉一点都不像是你自己。你并不相信那时候自己说的话，你一点也不喜欢那些人热衷的流言蜚语与背后中伤。你内心的光芒突然再也没法把这一切都解释成幽默，你不得不面对冰冷而残酷的现实：你和一群相当不善良的人混在一起了。

你感觉自己就像电量耗尽却还得推动火箭的电池，你是强弩之末，失去了能量的来源。你真的很想像以前一样不假思索地爱那群人，但是你做不到了。他们的伪善和浅薄让你感到前所未有的失望。

在相当长的一段时间里，你可能依旧会带着温情回忆那个恶情人，这不是因为那是个好人，而是因为你那道依旧纯真的光芒。拒绝承认那些坏事，为仅仅做到普通的事情而欣喜，这种观念支撑着你每一天的愉悦。你把那段关系与你纯真的光芒紧密相连，让你开心的不是那个人，而是你自己的纯真，因为它保护着你敏感而温柔的内心。

所以你疗伤过程中最关键的一步就是，用真实的幸福让这道纯真的光芒彻底熄灭。你曾经在心理变态的恶情人以及爱背后议论你是非的恶友身边感到欢欣、快乐不假，但是这也完全无法说明你那时的人生就真的很棒。由此反推，你现在的伤感也并不意味着你如今的人生有多糟。实际上一切都在好转，你只是在学会不带那种纯真去看世界之前还需要一些挣扎。

何况你内心深处的光明永远不会消失——它只是在等待时机。当你开始建立自尊与边界时，光芒就会重新开始散发，而当你终于发现了真正的爱与灵性时，它更是会以更加强大的姿态回归。

有太多幸存者渴望回到生活依旧"正常"并且"幸福"的时候，可是那些幸福和正常就是真实的吗？在那段日子里，你又花了多少精力用积极去替代消极？这其中有多少努力是你自己一厢情愿的付出，而别人只是把自己的毒液一点点注入你的身体？在这样的创伤之后，把善意持续地投射于他人变得格外艰难。

所以我相信你怀念的其实并不是自己在那种生活中扮演的角色，而只是你那道和它捆绑到一起的纯真之光而已。

通过观察psychopathfree.com上的会员，我发现他们中的每一个都不曾期望过这种黑暗降临，他们从来就不想做受害者，他们想要找回失落的幸福与快乐。他们会因为自己居然产生了怒意而愤怒，他们终生都在试着原谅别人，却遭遇了心理变态带来的完全无法宽容的恶行。这一切都是为了什么？为什么他们的自我同一性要受到这样的践踏？为什么他们要沦落到这种枯竭而破败的田地？

给自己一些时间，你会发现关于这些问题专属于自己的答案。你的纯真曾经是美好的礼物，但讽刺的是，你对它的存在毫无意识。因此你才会把那样多的爱和情感倾注到他人身上，因为你自己从未感受过那样的爱。而当你终于在治愈之路上迈出最后一步时——虽然这可能让你非常不适——你会找到属于自己的自尊，建立起健康的边界，你不再努力融入他人，而是开始思考为什么别人不能像你一样：富有同理心、善解人意、富有同情心、有爱心、外向、富有创造力、随和、负责任、关心他人……你还是那个用善意对待世界的温柔的灵魂。你不再拥有纯真的光芒，所以你也不能再用它修复身边的一切、满足身边人所有的需求了。你开始去寻找那些和你拥有相似的美德——并且能真心欣赏它们——的人。

在失去你的纯真之前，你永远不可能认识到生活中的这些魔法。你失去的纯真给了你一个难得的机会去见识这个世界的真面目——去了解自己的真面目。

这段旅途只与你有关，你是永恒不变的主角。一旦你意识到了这一点，你就终于可以重获自由了。

PART 4

重获自由

PHYCHOPATH FREE

曾经禁锢过你的心灵的想象力
同样也能为它带来解脱。
记住这一点，你就能把未来的走向
掌握在自己手中。

向后看，向前走

一旦你终于真正切断了自己的心灵与心理变态的联系，你就可以用更加不受感情因素影响的方式去回顾那段记忆了。你会发现自己并没有错过任何事情——实际上你反而非常幸运。

我知道一开始这会很难理解，因为你一直感觉好像是那个恶情人获得了胜利，就像他一直展示给这个世界的那副面貌一样。心理变态看上去好像总是能获得胜利，因为他总是面带微笑地更换猎物，并且全程看上去纯真无害。当你跌落至生活的谷底时，你看到的是那个人在新生活中似乎过得比以往还要开心。可是你别忘了，这些都不过是假象——那个人虚构出这样的成功，只是为了向他人炫耀，并且诱导他们对之前的受害者产生消极的印象。这才不是真正的胜利者应有的作为。这是一个输家在绝望地向他人和自己证明，他终究高人一等。心理变态是感受不到那些最美好的人类情感的，比如爱、信任和同情。当然，他的表演可能很成功，他的计谋也确实得逞了，但是能够为所欲为、不择手段地得偿所愿，真的就能说明他获得了胜利吗？

你看着那个人和新欢幸福地携手远去、奔向夕阳，可是你千万别忘了一件非常重要的事：同样一个人，怎么可能从虐待狂突然转变成另一个对象的完美伴侣呢？这是不可能的，从逻辑和情感上讲都不可能做得到。

你可能盼着那个恶情人赶紧和新欢分手，这样你也能出一口恶气，验证一下你那个推测。即便如此，事情也不会有什么实质性的变化，那个心理变态还是会去寻找下一个猎物，直到他的生命终结或者终于找到一个足够舒服的长期目标为止。所以你不用一直盯着那个人的生活看，反正心理变态无论如何都会维持住那个虚伪、成功而快乐的表象。你不可能从他的失败中找到任何满足，但是你能看透他生命的真相——它的虚假本身就是最大的失败。

反常

反常：背离标准、正常或普遍期待的东西。

在与心理变态交往期间以及之后，你可能会发现自己的一些行为方式完全出乎意料：你很容易情绪崩溃；你会对那个人低三下四地乞求；你不计后果地想要复仇，却又为此不断道歉；你不断责备自己，同时指责他人——这一切都和原本那个随和、开朗的你大相径庭。这些行为可能让你觉得很丢脸，但是现在是时候放下了。任何心理正常的人类在遭受情感虐待之后都会做出反抗，而如果你因为这些反抗而感到羞耻，那说明你的良心让你自责，这只能证明你依然有良知。

在理想化阶段，你被那种狂热的刺激所蛊惑；在虐待开始之后，你为了能留住那个不真实的美梦而倾尽全力；而在被冷落之后，你近乎疯狂地试着分析自己到底做错了什么（你知道吗，冷遇在大脑中刺激的受体实际上与生理上的疼痛相同）。在这一切都过去之后，你还不得不看着那个施虐者和另外一个人携手奔向幸福的新生活，就好像你从来没有存在过一样。

你的心能承受这一切吗？

答案是不能。

这就是为什么你会性格大变，变得连你自己都认不出来，你的各种情绪相互剧烈碰撞着，但这都是一个正常人在承受非人的虐待之后的必然反应。只是它给你留下的影响是一大堆丢人而尴尬的回忆，以及对你自己善良天性的忧虑。

可是那些行为对你来说是正常的吗？

在那个恶情人闯入你的生活之前，你从未有过类似的行为；而一

旦那个人离开了你的生活，你也不会再重复这些行为。这说明了什么
呢？我是一个喜欢看图说话的人，所以我画了这么一个图表：

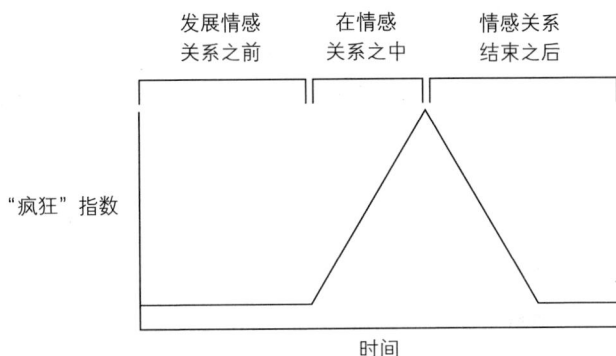

就算完全正常的人也多多少少有点疯狂的因素，而你进入恢复
阶段以后没准也时不时地感觉有点发疯，对比之下这张图表里的峰
值也依旧非常引人注目。考虑到类似的峰值在你之前的任何一段关
系中都没有出现过，我们就得到了非常直观的这种"疯狂"本质上
是反常状态的证据。

这种反常完全是由环境造成的——尤其是这种荒唐而痛苦的经
历。在疗伤阶段，你需要很长时间来让之前反常的一切重回（相对）
健康的平衡。但重点是，只有你坚决地对那个恶情人执行了"不联
系"原则，这个过程才能正式开始。

所以这种反常状态到底体现了那个人对你的什么影响呢？这种

影响是积极的还是消极的呢？想想你的"恒定量"，和他在一起的时候你会体验这种诡异的反常高峰吗？

记住这一点：你的大脑也有可能对你耍一些把戏。你很有可能这么想："我有这么强烈的反应，也是因为那个人是我到目前为止爱得最深的一个啊。"或者："我这么抑郁，完全是因为我失去了生命中能找到的最好的恋人。"

这就是为什么合理而得法的康复过程非常重要，它能让我们意识到以上那些想法既不健康又不自然。坠入爱河的确是一件令人紧张的事情，但是它不应该激发绝望、恐惧和焦虑之类的情绪。虽然分手必定是痛苦的，但是它也不应该把你折磨得面目全非。

心理变态巴不得你认为那是一段完美而正常的关系——而它那么快分崩离析都是因为你。实际上，心理变态会对任何试图从和他们的遭遇中"治愈"自己的人冷嘲热讽，因为他们自己无法对心碎和绝望感同身受。所以如果你的家人、朋友或前任让你为自己花了那么长时间疗伤产生负罪感，你一定得记住你的康复之旅也是相对反常的。只要你需要，你完全有理由为了让自己感觉更好而投入更多时间和精力，因为你这是在从一段完全有悖常情的经历中恢复过来。

所以不论现在的你面对的是什么状况——不论你是正处于一段情感虐待之中，正体验着分手后的空虚，还是正在为自己脱轨的行为感到羞耻——你都应该开始原谅自己。如果你此前一直是一个和善而耐心的人，那你就完全没必要因为一段感情的影响对自己全盘否定。再回头看看那些时刻，接受它们的反常，然后温柔地对待你自己吧。

　　毕竟你一直在为自己的反常行为主动承担责任，而心理变态不会对自己的任何行为负责。

致心理变态的下一个目标的一封信

　　在几乎每段有毒的二人情感游戏中，都会有第三个玩家存在：备胎。

　　在你刚刚开始疗伤的时候，那个替代了你的人会成为你憎恨的核心。你视他为拆散了你的家的恶人，他勾引走了你的灵魂伴侣，还在社交媒体上向你炫耀，你却成了他们眼中的神经病前任。在你看来，这个人偷走了你全部的梦想。

　　但是随着时间逐渐过去，你意识到这个人从某个角度来说挽救了你。

　　以下是给每一位"下一个目标"的一封信，当然，我并不是让你真的把它寄给什么人。那样不但解决不了问题，还会对你再次造成伤害。但是我们都或多或少想过要写这么一封信，并且可能已经在想象中把它寄了出去，不是吗？

亲爱的　　　　　　：

　　非常抱歉，我不能当面去找你，因为那只会让我重返那不堪回首的疯狂世界。但是我希望你能认真阅读这封信。你知道，就像一枚硬币有两面，一个故事也总有两种讲法，你已经听过一种了，现在就请让我来对你讲一讲另外一种吧。

　　我必须向你坦诚，我的确憎恨过你。那时的我看着你和我以为是自己此生挚爱的那个人携手而去，并且肆无忌惮地向世界展示着你们的幸福。我花了几周的时间才意识到，那个人的背叛在我们分手很久以前就已开始；而我又过了几个月才发现，我的伤痛和眼泪全部被那个人用于在你面前换取同情。到了现在，我又要把几年的光阴用在从那个人的三角关系带来的不安全感中恢复过来。

　　但是我对你已经再也没有了憎恨，相信我，现在的我只为你感到担心。

　　虽然我们有着不同的性格、身形与面貌，但是在这样的情感关系中，我们是一样的。

　　你要知道，我也体验过此时包裹着你的幸福。我也曾经是那个人口中最美丽动人、最完美无瑕的伴侣。我也曾经以为自己挽救他于昔日的不幸与伤痛，保护了他免于疯狂的前任的伤害。我也曾经以为自己是那个人在经受过那么多痛苦之后才找到的唯一能带给他幸福的人。那个人也曾经痴迷于我，无时无刻不把关注与爱慕倾倒在我身上。

这些听起来是不是很熟悉？

你可能也曾经感到奇怪，为什么我在这么短的一段时间里就发了疯，变得嫉妒、躁郁、神经过敏、贪婪、虐待狂，究竟发生了什么呢？为什么一个人会突然从完美无瑕变得一无是处？而且你有没有想过，那个人总是接二连三地遇到这样的前任，这种事情真的可能吗？

这其中的共同点已经挺清楚的了，不是吗？

在很长的一段时间里，我一直在惩罚自己。我真心实意地相信那些痛苦都是我应得的。我身上一定有什么不对，否则那个人怎么会选择另一个人呢？

可是我突然明白了一件事，我也曾经是那个被选中的"另一个人"，像你一样。

可惜这也让我认识到了一个悲伤的事实：我无法把你从这个已经开始的噩梦中挽救出来。一旦进入了心理变态的圈套，受害者就无法逃脱了。随着你们的恋情继续发展，你可能会开始否定现实，并且努力编造理由来让自己相信也许自己身上会出现例外。你会开始对自己撒谎，绝望地试图重塑那个美梦。但是你的自我同一性依旧会开始分解，那个人会一点点摧毁你的边界与底线，直到你变成自己都认不出来的样子。

然后还会有另一个人加入你们的二人游戏，这在和那种自恋狂的恋爱纠缠中是完全不可避免的。那个人会一直牵着你的鼻子走，就像他当初对待我的时候一样。你做出的一切情绪激动的反应都会被用作伤害你的武器，并被拿到另一个新目标面前博取同情。

你会成为我，你最终会像我一样。

这就是为什么我深深地为你的命运感到忧虑。我不希望自己经历过的痛苦、折磨再发生在任何一个人身上，我知道你不是恶意插足，因为我知道你只是被谎言蒙蔽——同样的谎言也曾经蒙蔽过我的双眼。

那个人给你讲的故事并不是真的。那是他为了博取你的怜惜而耍的花招，是早有预谋的为你的爱情童话增色的调剂，是为了占据你的全部心灵设下的阴谋。今天的你肯定不会相信我说的这些，但是总有一天你会发现我说的都是真相，都是残酷而令人心碎的真相。

我只希望这封信能引导你走出那段恋情的余波带来的迷茫。我只希望它可以给你我自己从未得到过的一点小小的助力。我希望它能成为一把打开真相之门的钥匙、拼图中刚好缺失的那一块，能帮助你迈出康复之旅的第一步。

我不恨你，真的。因为这正是那个恶情人希望我做的。

我不会再在那个人的三角关系中扮演什么角色，我不会再用嫉妒和仇恨去填充他灵魂中的空虚。

我已经走出了那片黑暗，我知道你一定也可以。所以当那个替代了你的人出现时，请你对他也抱有一点同理心。因为我们对抗这种循环往复的情感虐待唯一有效的方式就是相互共情、相互关爱，就是牢记所有人都值得被以尊重、善良和诚实对待。

愿你在今后的生活中寻得爱、希望以及自由。

自省与不安全感

　　虽然你经历了操纵、羞辱、贬低与漠视，应该为此负责的都只是那个心理变态。这与你是否容易受到伤害或者有强烈的不安全感无关——没有人应该利用他人的弱点。你的经历并不是你自己的错误导致的。

　　走到现在这一步，你已经用心理变态行为相关的知识武装了自己，你记住了所有预警信号，对自己的经历有了正确的认识。你一定对心理变态感到异常恶心、反感，并且再也不希望遭遇这样的人。我希望你已相对平稳地走完了悲伤的那几个阶段，踏上了通向自我宽恕、治愈和爱的新旅程。但是你也许还是会被不安全感困扰，难以相信自己的判断，想着既然自己曾经盲目地落入了心理变态的圈套，那么接下来做出的各种决定也许就不那么值得信赖。我希望你已经去寻求了康复专家或者互助小组的帮助，并为自己的创伤恢复找到了可靠的支持。这会为你走向彻底远离心理变态的人生打下坚实的基础。但是不管外部支持有多么重要，你还是得学会重新信任自己。这本书和我们的互助社区不是支撑你走下去的拐杖，而是敲门砖与上马石。所有幸存者都或早或晚地要学会独立自主地做决定，而不需要向身边所有人询问意见。因为更好的人生决策只可能来自你的内心，当你的本能与自尊突飞猛进地增强时，你会意识到做这些决定的时机何时到来。那时的你一定不会再需要寻求什么外界的肯定。

自省是用来发掘你为何需要外界的肯定的好方法。它可能来源于你童年的经历、一段过去的友谊和与心理变态的情感纠葛，或者以上所有因素的结合。为了理解这一切，你不妨再仔细回溯一下那段关系，并审视一下那种有毒的动态。实际上，心理变态镜像模仿他人特质的能力，刚好可以被此时的你用作一次独一无二的正视自己内心中的恶魔的机会。

"魔镜，魔镜，告诉我……"

是向心理变态的魔镜提出问题的时候了。那一切都是因何而发生？你的弱点究竟是什么？当然，这些弱点并不是你的错误，但是你也应该知道自己是如何被那个人利用和榨干的。这会有助于你进一步斩断自己与那个恶情人之间的联系，并保护自己在未来远离潜在的情感虐待。这段学习的经历只是为了帮助你培养来自内心——而不需要任何外界确认——的自尊心。我们每个人都有不安全感和虚荣心，而其中的一些我们自己可能都并未察觉。真正的自我发现，就是要通过自省发现这些之前被忽略的小缺陷。

这部分具体的内容实际上因人而异。但是我可以给你列举一些其他幸存者在谈到自己为什么会落入心理变态的陷阱时给出的主要理由：容貌、金钱、职业、对原本的婚姻不满、需要关注、需要赞美、害怕孤独。如果我们挖掘得更深一点，就会发现不安全感是这些答案背后的主要东西：我找到了好看的对象，也就能证明我是很吸引人的；我在乎那个人的钱是因为我为自己的经济能力与经济实力担心；我想寻找事业成功的对象，因为这样也能证明我自己的成功；那个人的注意力会让我感觉自己是美丽、有趣并且有价值的……诸如此类。

现在再看看你和心理变态的那段关系。不管你最需要的是什么，那个人都会验证它并且把它表现出来。尤其要注意那个人对你进行奉承的具体内容，因为那都是你最需要得到外界肯定的东西。

所以你现在知道自己的不安全感都是什么了吗？拿出纸笔来把它们记下来吧。这可能在未来会继续挽救你的生活。一旦你对这些不安全感有了认识，假如有人再试图利用它们，你就能够及时发现了。而且更棒的是，你还可以开始做出改变——去成为更好的自己，给自己更好的生活。比如说吧，你为什么非得需要别人承认才能感觉自己很漂亮啊？

心理变态对那些能战胜自己心中的恶魔的人是无能为力的。如果你再也不需要用外界的肯定来证明自己，并且能坦然地接受称赞，那么心理变态的引诱对你就不会有什么效果。因为心理变态需要的是他人不健康的需求，而非普通而坦诚的善意。随着时间的推移，你会发现自己身边那些一味过度奉承你的人越来越少。

你得记住这一点，不是所有的弱点都是消极的。你的梦想——人生的目标、对罗曼史的向往、对拥有自己的家庭的渴望——也是你的弱点，但它们是美丽的，它们让你成为有血有肉的人。不要让心理变态的影响改变它们。在你的不安全感清单之外，你不妨给自己的梦想也列一张清单。千万不要把你的激情误以为缺陷，你的同理心也不是弱点——虽然心理变态会让你怀疑这一点。

懦夫的"爱"

心理变态不仅仅向你倾泻褒扬和赞美——他还会训练你做出回报。在你们恋情的初期,那个人可能会非常频繁地给你发短信,就好像他特别想随时知道你的动态一样,而如果你回得不够快,他会继续给你发更多近似的好话。在最开始的时候你可能感觉那个人的确非常需要你——就好像你是唯一能够挽救他于前任带来的不安全感的存在一样。你会越来越依赖这种交流,甚至把它视作快乐与价值感的重要来源,而这时那个人就会逐渐收手。一旦你正式上钩,那个人就会对你试图保持激情的想法表现出些许厌烦,这会让你感觉压抑而紧张。你终于发现真爱的狂喜瞬间转变为担心失去它的忧虑。这就是心理变态这样的懦夫在他人身上捏造的"爱"。因为他的本性无法让他真正爱上什么人,他可能很早就学会了如何用爱的错觉制造欲望和绝望。

对恶魔的同情

可爱、迷人、讨喜,这些形容词经常被套在心理变态身上,这也正是他计划的一部分,毕竟没人会被傲慢自大的浑蛋吸引吧。实际上最初引诱你的也一定是一副纯真可爱的面孔——那个告诉你只有你才能让他幸福的人。可是那之后不久一切就变了，你不仅不再带给那个人幸福，反而绝望地期待那个人能施舍给你一点幸福。这是在很多幸存者身上都会出现的一个模式：从关注的施与方一眨眼就变成了索求方。这种转化是怎么发生的呢？你是怎么在那个看起来似乎一点架子都没有的人面前反而丢了自己自尊的呢？

当你和那个心理变态相遇时，你可能会真心实意地替他感到遗憾。那个人身上有那么多令人怜惜的地方：前任虐待过他，他看上去是那么茫然不安，他在遇到你之前是那么不快乐，等等。

这时你的同理心就会发生作用。你之前也一直是这么做的：你看到了某个人正在受苦，而你相信自己有办法让他好起来，你想去治愈那个人，所以你会全身心投入地试图把那个人从低谷中挽救出来。而心理变态会表现出一副深受感动的样子。他会拿你和前任做对比，把你捧得比所有人都高。这感觉就好像你的所有付出都有了意义，因为它得到了那样热烈的承认与感谢。

很多幸存者表示，其实一开始他们并没有特别被心理变态的外形所吸引，但是相处的时间一长，他们最终会把那个恶情人看作世界上最好看的人，甚至对其他所有人都提不起兴趣来。这种现象又是什么导致的呢？在试图治愈那个人所谓的不安全感的时候，你会把所有的同理心都倾注到那个人身上，以至于你逐渐开始相信那些你出于善意和怜悯的表达。你告诉那个人他有多么聪慧、风趣、成功并且美貌，久而久之，你自己也会逐渐相信这些。而且由于你认定那个人的问题在于不安全感，你会异常执着地想要证明自己的忠贞。你会完全坦诚地告诉那个人你是多么需要他。因为你相信如果你将自己脆弱而人性的一面展示出来，那个人也许能走出自卑。

可是你知道，那个人的问题从来就不是自卑或者不安全感。

现在你已经明白，你花费这些时间和精力不过都是在追逐一个人为捏造的幻影：那个他遇到你实属幸运的印象。你可能不太喜欢这种情况，所以你会努力让那个人感觉好起来，而你实际上就是这样落入圈套的——正是你的同情把你引入了心理变态的罗网。如果你把那个人视作一个孩子一般的存在，那你的本能也许就会驱使你努力去关心他，就像你之前为那些没有自信心的人建立自信心一样。

能够察觉到他人的不安全感所在的不仅仅是心理变态，你也完全可以。让你和心理变态不同的只是你们怎么对他人的不安全感做出反应。心理变态会把它用作操纵他人的工具，而富有同理心的人会试图用爱与同情去治愈它。这也是为什么很多幸存者在分手之后身边还是会围绕着很多消极的人：他们可能早已习惯于通过让不幸的人变得幸福来建立自我价值。

所以当心理变态出现时，你会倾尽所能让他幸福。你不断地称赞他的相貌，你一点也不介意每次约会都自掏腰包，哪怕他的笑话很无聊你也会哈哈大笑。而你也会得到那个人强烈的感激与承认作为报答，这让你的生活变得有意义，让你的自我价值感格外高涨。可是局势在某个点上猝不及防地发生了翻转。你从满怀怜惜地照顾着那个可怜的姑娘或者小伙的人，突然变成了向那个"倒霉孩子"乞求赞同的一方。那个人开始宣称自己并不需要这么多注意力，这只会让他心烦。当你试图恭维那个人时，得到的却只是一阵傲慢的大笑，或者一句敷衍了事的"你也是啊，亲爱的"。那感觉就好像你成了恋爱新手，而那个人掌握了主动权。而且那个人一定会让你知道，他还有其他的关注来源，你自以为独一无二的让他们的幸福的能力根本没什么特别的。这种三角关系就是赤裸裸的折磨。

然后那个人会用冷落来惩罚你，并且对你曾经那样需要同情心大加嘲讽。你开始感觉自己愚蠢、丑陋、贪婪并且无用。而你的选择是继续自我牺牲，好为那个人的"感受"腾出空间。你强压下对那些欺骗和背叛的抱怨，因为你清楚地知道这样的对话是不被容忍的。

现在你明白了吗？如果把这比作一场球赛，心理变态会让发球权无论如何都在自己这边。可怕的是，不管你自己曾经怎么认为，你从未真正在这场比赛中掌握过球的控制权。那个人只是给你虚假的自信和被需要的感觉，让你相信自己曾经拥有过主导地位，并迅速敞开心扉。这就是为什么你那样迅速而毫无防备地把心理变态迎进了自己的生活。这也是为什么这场恋爱的终局会那么可怕：它直接踩碎了你的自我价值感。你曾经把自我价值完全建立在那个人身上，这就给了他把它撤走的权限。你从来没有发现那只是心理变态的一个游戏，因为你全部的精力都用在取悦那个虚假的、孩子一般的人格上了。一个孩子怎么能策划出这种充满了邪恶的操纵与霸权的阴谋呢？当你以为自己在陪着小孩下跳棋的时候，那个"小孩"却对你喊出了"将军"！

最艰难的部分就在于，你不仅仅是对那种关注和奉承上瘾，实际上你更离不开那个人给你的肯定与感激，因为这种肯定与感激让你找到了自己的价值，没有它们你会感觉异常空虚。因此你的康复之旅才需要那么长时间：你不仅仅是在治愈情伤，更是在从零开始重新构建自我价值。

这也会让你在与未来的新伴侣相处时格外在意他们的反应。直到你的康复彻底完成之前，你都可能会像没头苍蝇一样试图寻找一个可以替代那个人的、认同与赞许的来源——那种可以为你的人生重新赋予意义的东西。

好消息是，一旦你开始疗伤，你的生活就发生了永久性的变化，你自己的价值观、行为以及心灵会让你找到崭新而强大的自我价值。还记得我之前提到过的那些消极的人吗？我相信他们也会从你身边慢慢消失的。也许你一开始还会回想起自己和那些人在一起时有多么开心，但是当你重新定义了自己的价值所在之后，你会发现你才是创造那些快乐的人。和心理变态的恋情也是同理。你曾经以为那些人需要你来制造快乐，可是现在这些都不关你什么事啦。你还有比这更好的事情要忙呢。

你的性格到底是什么样的

你有没有想过这样的问题：为什么你不喜欢批评和冲突，但是有些人就可以从容应对？或者为什么你喜欢一个人静静待着，而有些人就完全忍受不了独处？你会不会有时感觉孤独、被误解，就好像你看到的世界和其他所有人的都完全不一样？

在我们的论坛上，最受欢迎的一个帖子就是迈尔斯－布里格斯性格测试（MBTI性格测试）。如果你之前没做过这个测试，我强烈推荐你到personalities.psychopathfree.com上做一下试试看。在做测试之外，我也推荐你仔细看看每一种性格类型的描述，以及其他幸存者关于测试结果的留言。这个测试会以做出决定和观察世界的方式为依据，把人分为十六种不同的性格类型。当然，每个人都是独特的个体，所以也不可能完全符合某项能够概括好几百万人的标准。但是很多幸存者都认为这样的性格测试帮他们更好地认识了自我。

在这个测试中，每个性格类型的结果都用四个字母表示，其中每一个字母代表以下的两种可能之一：

1. 外向（Extrovert）和内向（Introvert）

2. 感觉（Sensing）和直觉（iNtuition）

3. 思考（Thinking）和情感（Feeling）

4. 判断（Judging）和知觉（Perceiving）

我自己是INFP型——理想主义者，而这个结果也的确让我对自己有了全新的认识。

就第一部分而言，内向者完全有理由保持内向。以前我花了许多时间和精力去交朋友，只为了证明自己是个有趣并且能够把生活过得有趣的人。但是那时我一直暗自希望能一个人待着，坐在河边看看日落、想想事情之类的。而现在我已经不用"暗自"希望什么了，我选择了自由地享受独处的时间，再也不会觉得自己性格内向是什么问题。

而第二部分的结果（直觉大于感觉）只能说明我更愿意从整体的角度去看问题。如果我在这本书里表现出的"研究"方式还没让亲爱的读者你发现这一点，那我就实话实说啦：我不是一个特别在意细节的人。我更愿意把世界看作一个广大的整体——更愿意用更加概括而宽泛的方式去看待和描写人与人的互动，并把这些感受用他人能够理解的方式转达出来。

我对自己第三部分的结果（情感大于思考）倒是一点也不意外。因为我本来就是走在街上听到伤感的音乐就会莫名其妙地哭起来，还把其他路人吓一大跳的那种人。

最后一项结果（知觉大于判断）则说明，我不喜欢明确的最后期限、条理与规划。它也意味着我身边最好配备一个随时都记得啥时候该付账单，啥时候该把炉灶关上的有条理的人，以防我哪天看萌猫的图片入了迷忘记关火把房子点了。

把以上这些特质相加，你得出了什么结论呢？一个没救了的麻烦鬼！呃，等等，我是说——一个理想主义者！这就好听多了。

随着我越来越了解自己的性格类型，我也意识到了自己面对的挑战。首先，INFP型人士身上极易出现剧烈的情绪波动。每当不快的回忆突然造访时，那感觉往往糟糕得像再也没有获得幸福的希望了一样。就我个人而言，我很少把这些情绪与他人分享。我更倾向于自己对抗它们，而它们也往往会在一次阳光下的散步或者一晚充足的睡眠过后消失不见。学习如何应对情绪波动一直是我疗伤与成长过程中起关键性作用的一环，时至今日我也一直在努力学习。

另外引起我注意的一点是，除非出现了严重的原则性问题，INFP型人一般来说都极其随和。一旦这个类型人的原则与底线的确受到了侵犯，他们就会拿出与本性不符的强硬姿态来应对。所以为了避免让自己成为冲动的傻瓜，我发现自己还是应该从和不会侵犯我的原则的人相处开始更好，这样我就不会在冲动之下拿出强硬的姿态，从而做出让自己后悔的事情。

如果我们能对自己有更好的认识，我们就可以更好地应对自身的缺点，在强项与弱项之间找到更好的平衡，并避免被自己的缺陷绑架、束缚。这会让我们更容易发挥自己的力量。

让我再举一个例子，INFP型非常重视爱情，并且会对伴侣抱有极大的恋慕与忠诚。有时这一点会演化成对他人身上并不存在的品质过度浪漫化，因为我们一旦爱一个人就会想要爱上那个人的全部，所以只好用幻想去掩盖一些缺陷。而当我意识到，即使自己身上拥有那些缺点，我也可以接受并且爱我自己之后，我也逐渐学会了在爱上他人时接受他人缺陷的存在。

如果你觉得这些性格分析很有趣，那么请务必去做个测试吧。它对你来说可能没有那么重要的意义，不过没准你也能有一些很酷的新发现呢。

独处时光

我要在这里坦诚一件事：如果有人取消了和我的约会之类的，我会在心里暗自窃喜。因此让我来教不喜欢独处的人面对独处的时光，似乎多少有点站着说话不腰疼。即便如此，我还是认为独处的时间对你是有好处的。我们生活在一个快节奏的世界里，到处都是惹人分心的元素。所以比起在晚上花点时间回想白天发生的事情，我们更愿意在电视里或者网络上消磨时间。这作为休闲消遣来说无可厚非，不过这也会让我们错失一些自我擢升的机会。

你独处时也有很多事情可做：冥想、写日记、绘画、做园艺、烹饪、散步、锻炼、听音乐……这个清单我可以列得很长。当我们能够和自己更加自如地相处时，我们会对自身有更多了解。虽然在疗伤阶段初期会有点难熬，我们的头脑里依然有那么多消极情绪，和那些想法共处可不怎么好玩，但是独处的魔力也就在这里啊。在独处时你对自己的幸福感有百分之百的控制权，你可以尽情展开想象，把坏心情变好。你也可以任由坏心情发泄，让自己尽情痛哭一场，而不用担心受到他人的评判。当你一个人待着的时候，你完全不用担心被来自周围的压力逼迫着换上另一副面孔。我自己就很需要通过不时地独处来记住自己到底是谁。当我们总是被人群包围的时候——尤其其中有些有毒的存在的话——我们很容易遗忘自我，受到负面情绪与流言蜚语的裹挟。

在和心理变态打过交道之后尤其是这样。因为那个心理变态曾经是我们生活的全部，每天的争吵、谎言、骗局和操控耗尽了我们的全部精力。我们不再是完整而真实的自己，而是那个人的附属品，每天忙于试图理解那个人令人困惑的行为，并徒劳地试图保护自己免受伤害。所以如果那个恶情人有朝一日终于消失了呢？这原本应该是莫大的喜事，然而我们都知道事实并非如此。在那么多戏剧性的冲突之后，我们实在是很难让自己重新放松下来。何况我们又能拿什么来填满内心的空虚呢？

这正是独处时间发挥重要作用的时机。

我们的思维已经过度运转太久了，它需要退后一步，并努力想起生活中没有那么多冲突和戏剧性时的样子。在新生活里，你不再需要拼命地博取他人的欢心；不再需要担心一着走错全盘皆输；不再需要疑神疑鬼，为某人可疑的行径搜寻蛛丝马迹。但是与此同时，你也不会再得到奉承与爱慕带来的快感。

当我们独处的时候，我们就排除了那些会让我们的行为摇摆不定的外部因素。除了我们自己，没人可以认证（或者否定）我们的想法。我们可以面对最真实而赤裸的自己，这既可以显得异常恐怖，也可以为你带来启迪。

就我个人而言，情况其实是二者的结合。最开始真的有点恐怖，因为在我终于可以退一步重新审视自己的人生时，我一点都不喜欢我看到的自己。我在分手之后做了很多糟糕的事情，还骗自己相信那都是出于想要帮助和警示他人的高尚动机。可是实际上那就是着了魔一样的报复行为而已。过了一段时间，我发现让我不爽的已经不再是前任的行为——我基本不会再想起他了——我挣扎着试图去理解和接受的，反而是我自己做过的事情。我怎么变得像怪物一样？

我怎么能容忍自己做出那种可悲又可鄙的行径？我甚至打破了自己关于伦理与价值观的规则，而我曾经以为那些规则是为人的根本。我看到了自己的阴暗面，而它实在是丑陋不堪。我不能收回这些已经发生的事情，我也不能把它们怪罪到其他人头上。

在刚刚分手的时候，我感觉自己的情绪就像是一列脱轨的火车。但是像所有预料之外的情绪一样，这依旧是一个让大脑形成新习惯的过程。在最开始的时候，那感觉非常令人失望。可能有那么一周我会停止到处约会，不再试图为我失落的"爱"寻找替代品。可是下一个周末我可能就再次难以忍耐地想要出门，并且重新回到之前疯狂约会的模式上。一个愚蠢的决定就可能让之前的所有努力都白费。

这是一个进两步退一步的局面，但是我坚持了下来。

所以到了最后我发现自己其实更喜欢静静地独处。出门约会什么的也变得无趣而累人了起来——更累人的是和那群消极的人一起打发时间的念头。我不再对别人无故付出了——哪怕是对没有坏心的人——也不再做自己不想做的事情了。我的脑子里就像是有什么东西断线重连了一样。我开始更多地到户外活动，并且习惯了一边活动一边思考。我其实一直梦想着写一本书，所以我也就真的动笔开始写了。我拥有了一套全新的情绪，而那辆可怕的脱轨列车早已无影无踪。

那年夏天我有了个新爱好：在河里游泳，然后一边喝着加冰的甜白酒一边看日落。这比想着"不行，我一定得找个男朋友"快乐多了。时至今日，我在工作之余也会在河边坐上几个小时，想想小说的构思，满怀敬畏地欣赏着这个世界的美。

如果你自己就是那个能给你带来最大的失望或者鼓舞的人，你会发现生活变得有趣了许多。因为做一个安静而真实的自己，可比在不同人面前努力维持不同的面孔要简单多了。如果你拼了命都想要向世界证明某一张面孔就是真实的自己，那恰恰说明它肯定不是。

我也曾经害怕过独处，我害怕过直面那些有关我自己和我的生活的丑陋的事实。但是现在我已经和自己达成了和解。虽然我依然有些浮躁、缺乏安全感，并且情绪化，但是这些事情再也不会掌控我的人生。它们只是我游泳时会在脑子里试图解开的，小小的谜题。

尊重自己

　　心理变态不论走到哪里都会在纯真的面具下伺机制造混乱。他们横冲直撞地碾过每一任目标的生活，留下满地狼藉的困惑。那些责任心强烈并且事业成功的人可能会绝望地发现，之前拥有过的一切都在眼前分崩离析：昔日可靠的友谊、事业以及自尊心。只需要短短几个月——甚至几周——的时间，心理变态就可以摧毁你曾经把生活的全部建立于其上的和谐与信任。他们走进你的生活，引诱你相信他们，制造妄想与焦虑，看着你跌落尘埃，再一言不发地远去，只留下你一个人收拾一地生活的碎片。你会开始质疑自己的理智——质疑自己对现实的理解。但是随着时间过去，你会逐渐用那些也许你之前从未重视过的品质将那片阴影取而代之：同理心、同情心、善意以及创造力。在他们试图毁灭你的暴行中，心理变态总是会低估"梦想家"的力量。我们可能并不像他们那样凶残，但是我们有他们没有的韧性。

当你终于不再向外界寻求认同，不再徒劳地忙着取悦所有人时，你也许会产生这么一个念头：为什么别人就不能像你一样呢？为什么他们就不能像你一样随和、热心、善良、无私、亲切并且有自知之明呢？这种想法正是你开始尊重自己的体现，是你内在的自我价值感的外化。虽然帮助他人、给他人带来幸福的感觉依然很好，但是现在你会衡量什么人值得你付出善意。这会给你的余生带来更多的喜乐。

你发现当初心理变态选中你也正是瞄准了这些品质，而这并不代表它们就是你的弱点。你完全可以以它们为傲，只要你保持对自己的尊重和自知之明。引用一句我们社区的会员、我亲爱的阿姨"佩鲁"的话："'心理变态'对人类的情感非常着迷，并且会因此不断精进自己模仿'正常'的能力。善解人意的人们在他们眼里如同完整的情绪光谱，是他们的首选目标。而心理变态也会从他人身上吸取自身缺乏的生命的能量。由于善解人意、富有同理心的人总是在信任他人、对他人付出，因而成了完美的猎物。"当然，付出和信任都没有错，你对自己的尊重只是让你学会期待他人同等的回报。

这会让你发现自己全部的力量。你之前可能从未珍视过你一直拥有的那些品质，现在你终于意识到了同情心、同理心和爱心不但不是弱点，反而是你能给予那些值得的人的最美好的礼物。你开始明白自己应该成为什么样的人。只有体验过了心理变态的残忍无情，你才明确知道自己绝对不能成为什么样子。当你再次回想起心理变态对你的模仿时只会感到好笑，那个人说你们是那样相似，而现在的你知道，你和那个人截然不同。你开始挖掘自己的创造力，不再在意他人的看法。随着你变得越来越自信，那些旧日的友谊也会获得全新的面貌与发展。你的边界得到了重塑——如果它不是首次被建立起来。

边界意识

在重新学会尊重自己的过程中，建立边界意识可能是最难的一环。因为一开始会感觉非常不自然，就好像你自己也是个心理变态。你怎么忍心对需要你帮助的人们严厉起来呢？而如果有人因为你不再逆来顺受、任劳任怨而说你变得神经过敏、不通情理，你又要如何应对呢？

所以你必须分清神经过敏、不通情理与正常的边界意识之间的区别。那些如此指责你的人，往往本身也粗鲁无礼、令人不快，并不能说是十分通情达理的。而你和以往最大的不同在于，你不会再逆来顺受、任人摆布了。那些人肯定会无所不用其极地试图让你们的关系维持原状，因为你的边界意识越强，他们就越无法从你身上捞到好处。

如果那些人真的是你的朋友，那么你就根本不需要在他们面前努力保护自己，你不需要向他们解释为什么你不可能一夜之间就做出完整的计划，你更不需要为了避免造成不愉快而一直如履薄冰。

这些取悦他人的习惯是对你有害的，它们通常来自你想要让别人幸福的需求。但是有些时候它们也没有那么深层次的动因，你这么做只是因为你是个温柔的人。如果你天生亲切友好，那么有毒的人们可能会因为感知到这种品质而主动找上你，并且马上开发出一套负罪感、被动攻击性、装可怜三管齐下的方式来操纵你。而且你身边这样的人的数量会像滚雪球一样越来越多。你会被困在他们用不安全感构造的圈子之中，这也是你在遭遇心理变态之后难以及时察觉其中蹊跷的原因之一。

把握不说"对不起"的时机

在站出来捍卫自己的权利，或者谴责某人的言行不妥时，温柔的人总是会产生一些负罪感，并且立刻道歉。这种因为拥有边界意识而产生的负罪感给有毒的人们可乘之机。他们不会改正自己的行为，因为你总会因为指责了他们而自寻烦恼。如果你想要主动和解，他们还会说你是两面派，因为你之前分明还那么严肃，这会儿反而又开始发慈悲了。

和真正的朋友在一起的时候，你应该能够舒服、自在地坐下来和他们一起谈论一些你关心的问题。正常人都是愿意为了提升自己而接受建议的，特别是用亲切友好的方式提出的建议。而富有同理心的人更是会在意你的感受，他们会格外小心，唯恐对你造成伤害。但是有毒的恶友则一遇到意见就会爆发，然后要么转而指责你，要么把一切都推给过去的经历。他们也有可能在口头上虚情假意地道个歉，行为上却依旧我行我素。如果你发现自己总是得为某人的同一个不当行为开脱，想想那个人为什么就不能按照不需要开脱的方式行事，你肯定会觉得自己应该打住了。

正确引导你的同理心

许多人都秉持着一条简单的人生信条：与人为善。我们相信只要自己一直以善意面对这个世界，就一定会得到善意作为报答。但是生活往往告诉我们事实并非如此，总有些人会厚颜无耻地榨干他人给予的全部善意。遭遇这种人往往会让我们的情绪严重受挫。一旦终于从这样的经历中恢复，我们的第一反应可能就是否定之前的自己——去他的同情、随和还有慷慨！但是这可不是最好的解决方式。因为问题并不在于你的善意本身，而是在于那些恶意利用它的人。毕竟让"梦想家"的人生充实而满足的，正是爱与同理心，是它们让我们与这个世界和其中的人们建立起独特而美好的联系。所以千万不要因为曾经受过伤害就抛弃这些，你应该抛弃的是那些用它们来伤害你的人。把这些美好的礼物留给能够理解并感恩的人们吧，你的"恒定量"就是一个很好的例子。只有虐待狂才会让你因为美好的品德反而产生自我怀疑。

所以你要如何在既有好人也有坏人的世界上健康地生活呢？你要如何在保持温柔友善的品性的同时保护好自己？这个问题的答案就是——你要学会正确引导你的同理心，学会切断和有毒的人们之间的联系，更要学会不因此而让自己难受。

之前提到过的那种"失去纯真"的感受，正是我们的心灵学着接受这一切时的反应。你学会了辨认哪些是可以与之交往的、健康的人，而哪些不是；你终于明白自己没有义务去讨好所有人。一个温暖而充满信任与关爱的小圈子往往更能给你带来真正的安宁与快乐，在这里你可以尽情地释放自己的爱心，而不用担心被消耗与侵蚀搞得疲惫不堪；相反，你会开始在那些有害于你的人面前对这些品质有所保留。这不是教你在这种人面前要做一个临时的心理变态。（而且真的存在这样的人吗？！）你这样做只是为了保护自己的精神与心灵，只是在听从大脑而非内心的指引而已。你的内心可能总是在准备着去信任他人最好的一面，但是你的大脑会对当下的情况进行有逻辑的客观分析。这是应对那种人最好的方式，你不需要在他们身上浪费感情，你有限的感情还是更值得被用在能让你幸福的人身上。

　　我们的疗伤过程的目的，正是发掘你真正的力量，并且让你回到值得与其分享它们的人们中间。这会彻底改变你的生活。有时你会发现，"梦想家"的旅途实际上是一个奇妙的圆，我们最终往往会回到我们一直拥有但从未意识到的智慧上。

"恶情人退散"保证书

　　每当有新成员申请加入我们的在线互助社区时，我们都会让他们签署以下这样一份保证书。它的目的主要在于强调自尊的重要性，以及鼓励保证人建立更健康的情感关系。如果你能照着下面这些简单的条款坚持下去，你很快就能摆脱具有"毒型人格"的恶情人：

　　1. 我永远不会向人低三下四地乞求，任何把我置于那种境地的人，都不值得拥有我的心。

　　2. 我永远不会宽容对我的身材、年龄、体重、职业或其他我的不安全感来源的恶意批评。因为我知道好的伴侣不会刻意打击我，他应该能帮我建立自信。

3. 每个月我都会抽出时间来对当前的情感关系做至少一次客观的审视。我要确认自己得到的是平等的尊重与爱，而不是奉承与刻意讨好。

4. 我会时时问自己这个问题："我会用那个人对待我的方式对待别人吗？"如果答案是否定的，那么我就不会再让自己受到那种对待。

5. 我会永远相信自己的直觉。如果我对恋情有了不好的感受，我不会压抑自己的想法并不顾一切地为伴侣开脱，我会相信自己。

6. 我知道单身远远好于被牵扯进一段有害的情感。

7. 如果伴侣对我用一种居高临下、尖酸刻薄的态度说话，我不会容忍。与我真心相爱的伴侣不应该用高人一等的态度面对我。

8. 如果伴侣指责我"嫉妒""疯狂"，或者对我做出其他轻蔑的指责，我不会容忍。

9. 我会寻求平等并且由双方共同承担的恋情，因为单方面的强权与掌控不是爱情。

10. 如果我对执行以上的步骤感到不确定，我会寻求朋友、互助论坛或者心理咨询师的帮助。我不会在冲动之下做出决定。

你愿意签下这份保证书吗？如果你愿意，请在本页上签名，并以此作为给你自己的提示——这样你随时都能翻回来看看你对自己做过的保证。因为学会善待自己的意义并不仅仅在于帮助你疗伤，更在于建立足以延续至你日后的情感中的健康习惯。所以何不从签下这份保证书开始，训练你的思维接受那些你原本就应得的更好的事情？

保持真实

走上这条疗伤之路就标志着你新生活的开始，回首过去，你可能会惊异于当时的自己居然能容忍那样恶劣的关系，并且为那时的所作所为感到羞愧。可是你要知道，这种羞耻和后悔的感觉正是你的自尊心的体现，它是现在的你已经与那时截然不同的象征。

在经历过那样的一段感情之后，你可能会开始更加频繁、热情地赞美他人，尤其是其他情感虐待的幸存者，以此当作收获肯定与认同的方式。但是一段时间过后，你会发现自己的赞扬与起初的宽泛相比会变得越发真挚而个人化，你不再把自己无私的热情投入到与你相遇的每一个幸存者身上，而是和一些真正知心的人建立了牢固的友谊。这是一种健康而正常的现象。因为这个世界很大，你完全没有必要和遇到的每一个人都成为朋友。拥有有限的几个挚友远比到处都是交情浅薄的相识要好很多。

但是与此同时，热心帮助其他情感虐待受害者的幸存者也完全有理由为自己感到骄傲。不论是以何种方式——网络、电话还是当面交流——你在做的都是一件足以改变世界的好事。从情感虐待中康复的过程是你人生经历中不可分割的一部分，你也完全有理由把这段经历与亲人和朋友们分享。而你与其他幸存者共同帮助有过类似经历的他人的热情也是非常值得赞扬的。

在很长的一段时间里，每当需要向别人介绍我写的这本书和"恶情人退散"在线社区时，我都会感觉有点怪怪的。这种感觉倒不是害羞或者惭愧什么的，我只是因为要把自己人生中这相对私人化的一部分拿出来与全世界分享而觉得有些别扭。但是这样的交流做得越多，我也就变得越自然。

只要你坚持做最真实的自己，你身边的人们也被潜移默化，一点点做出改变。享受这种变化吧，也别忘了为了你的努力表扬表扬自己，毕竟是你让这一切成了现实。

发现我们自身潜藏的美

我一直非常欣赏社区成员"康复之旅"的文章，而以下这篇更是深深地打动了我。

他想起他曾经怎样被人迫害和讥笑，而他现在却听到大家说他是美丽的鸟中最美丽的一只。紫丁香在他面前把枝条垂到水里去。太阳照得很温暖、很愉快。他扇动翅膀，伸直细长的颈项，从内心里发出一个快乐的声音："当我还是一只丑小鸭的时候，我做梦也没有想到会有这么多的幸福！"

——汉斯·克里斯汀·安徒生《丑小鸭》

遭遇心理变态往往能彻底改变我们对这个世界的看法，其中也包括一些我们早就熟悉的东西，比如《丑小鸭》这篇童话。我一直非常喜欢这个故事，但是它也从来都不是我最喜欢的童话故事，因为虽然它的结局很美好，但是它也总是让我感到莫名的伤感。我之前从来没有考虑过这个故事为什么会让我伤心，因为似乎思考这个问题本身就会给我带来痛苦。而当那段与心理变态相关的黑暗经历终于过去时，我才知道了其中的真实原因：过去的我为那个童话而悲伤，是因为在那时的我眼中，自己也是一只丑小鸭，我甚至都不敢想象，自己有朝一日也能成为美丽的天鹅。但讽刺的是，正是心理变态给我带来的可怕的创伤，让我有了化身天鹅的机会。虽然经历了漫长的时间和诸多波折，但是现在的我已经完全认识到了自身的美，感受到了美妙的归属感，并为自己是如此独特而由衷地感到欣喜。在现在的我眼中，自己已经变成了美丽的天鹅，而这种美实际上也潜藏在每一个幸存者的心中。它一直都在那里，只是我们从未意识到它的存在而已。而当你在疗伤之路上逐渐发现并接受以下的现实时，潜藏在你身上的美与力量也会在你眼前逐渐明晰起来。

1.你被心理变态欺骗并不是因为愚蠢，而是因为纯真。

当你终于意识到自己被恶情人背叛时，你的第一反应往往会是强烈的羞耻：你怎么会对那些谎言和操纵浑然不觉呢？！这种残酷的现实往往会让你感觉自己非常愚蠢，而当你发现那个人给你的"爱情"不过也是虚无缥缈的假象时，你可能更是会为自己的糊涂羞愤不已。但是你要记住一点，这些情绪正是那个恶情人——那个骗术大师——希望你感受到的，而你感受到的那些并不是真相。你是一个富有爱心和同理心的人，因此你在此之前很有可能并不知道世界上居然还有这样毫无感情的人存在，你可能只在恐怖故事里听说过心理变态，却从来没想过他们实际上就行走在我们中间，而且看上去和遵纪守法的普通公民没什么两样。如果你从来不知道这样的恶人存在，你又怎么能在他们面前保护自己呢？就像丑小鸭并不知道自己是天鹅而非鸭子，他并不应该因为自己的单纯而受到指责，你也一样。

2.拥有不安全感和弱点也是人之常情。

可能有不少人警告过你，拥有弱点和不安全感可不是什么好事，对你这么说的还往往是那些试图帮助你从心理变态的虐待创伤中恢复过来的人。但是与不安全感、弱点对抗正是人生在世必须面对的问题之一。最自信的人都难免偶尔怀疑自己。不管你在情感上有多么健康，如果你想要与某人建立亲密而有意义的情感联系，你都需要敞开心扉，让自己主动在那个人面前展露脆弱之处。保持或是建立自信实际上与让他人——当然，得是那个对的人——进入自己的心并不矛盾。丑小鸭在快要被冻死在雪地里时能得以幸存，正是因为他最终决定信任那个找到他的人。哪怕经历过那么多欺凌和讥笑，他还是允许自己展现出脆弱的一面，并因此得到了帮助。而你也完全可以这么做，不过得是在小心谨慎并且结合了你从之前的经验中获得的教训的前提下。

3. 被那个恶情人利用并不仅仅是你的弱点，更显示出你的强项。

你可能以为自己被心理变态利用过这一点完全暴露了你的短处。你甚至可能认为，自己身上一定有什么特别吸引心理变态的特殊的缺陷，比如太容易信任别人、缺乏边界意识、不够爱自己等等。虽然你的一些弱点的确被心理变态利用了，但是你要知道，同样被那个人挖掘殆尽的还有你的长处和力量所在。爱的能力是你的强项，信任的能力是你的强项，与他人配合的能力是你的强项，保持真诚、善良和同理心的能力也是你的强项。

心理变态是没有良知的，这让他们可以表现得异乎寻常地残忍。他们会通过假装可怜来唤起你想要关心、理解他人的本能；他们更会反射你的性格特征与价值观——特别是你那些积极的品质——来让你相信他们和你一样，然而事实往往截然相反。通过这些巧妙的诡计，心理变态会让你把自己身上的优秀品质投射到他们身上。就像丑小鸭也曾经希望故事里的农妇、猫以及母鸡像他自己一样善良，虽然现实证明他的想法是错的，但并没有让他就此失去善良的天性。成为心理变态的目标，并不能代表你真的有什么问题。

4.直面你的痛苦，因为这最终将为你带来自由和解脱。

在那段恶情缘的余波中，虽然你从与心理变态的纠缠中挣脱出来获得了自由，却也留下了一身创伤。就像冰天雪地中的丑小鸭，你麻木、痛苦、迷惑并且茫然无助。你绝望地希望这种折磨能尽快结束，并且会不择手段地试图逃避它。

面对伤痛时，逃避和否认是人类的正常反应，我们所有人都会在某种程度上用这两种手段来减轻自己的痛苦。可是你只有找到内心深处的勇气，直面伤痛，才能真正寻得解脱与自由，才能真正体验到阴霾过后那足以改变你一生的喜悦。永远沉沦在痛苦里是找不到幸福的，而你应该得到幸福，所以你必须鼓起勇气穿越伤痛的泥潭，并且拥抱你在这段艰难的旅途中可能遭遇的所有挑战。这条路虽然艰难，路上的磨难虽然看起来无休无止，然而总有一天你会在下一个转角发现超乎想象的美丽新世界。

如果你接受了以上这些事实，你会在更深层次上发现真实的自己，并且拥有改变自己、破茧成蝶的能力。心理变态永远不可能做到这一点。你会发现自己内心的美实际上一直都在那里。通过成长和改变，你完全可以进化成你一直梦想着成为的那个独特而美好的人，你本来就注定要成为这样的人。你会发现全新的智慧与视角，通过它们发现深藏在你心中的光芒，并让这光芒重新闪耀。这一切会让你重新找回对自己的信任，并且重新找到能够欣赏你、爱你的人们。

对于他过去所受的不幸和苦恼，他现在感到非常高兴。他现在清楚地认识到幸福和美正在向他招手——许多大天鹅在他周围游泳，用嘴来亲他。

故事里的丑小鸭最终找到了属于他的归宿，我相信你也可以。

三十个力量的象征

"梦想家们"往往都是乐观主义者。我们天生愿意相信身边的人和事好的一面。这既是一项天赋，又有可能成为被有毒的恶人利用的陷阱。因为我们会为了保持自己对这样的人无条件的信任而刻意为他们那些不可接受的行为开脱。我们担心一旦把顾虑表现出来，它们就有可能成真，并把我们的美梦无情摧毁。所以我们选择了只看积极的方面。但是一切都有极限——当我们的底线被过于频繁地践踏之后，我们最终还是会做出反抗，并因此成了那个人眼中的"头号公敌"：你怎么敢不再逆来顺受、任劳任怨了？你怎么敢背叛那个人，不再为他的虐待找借口？而旁观者们还会雪上加霜地指出，既然你曾经对那个人有过非常高的评价，怎么现在又突然改了口呢。和心理变态这样的寄生虫的恋爱，到最后往往会让"梦想家们"陷入这种难堪的境地。不管是施虐者还是旁观者都不会指责那种虐待本身——他们反而会指责你压抑已久的反抗。所有人都希望你能保持一如既往的积极、活跃，但是在这样一群有害的人的包围下，这是完全不可能做到的。而就算你成功地让别人意识到，实际上你才是被虐待的受害者，在外人眼里你会经历这些也是咎由自取。因为许多人一听到"伴侣虐待"这个词，就会马上想到受害者必然性格懦弱、胆怯。虽然每个人都有可能成为心理变态的猎物，受害者们却还是背负着这项社会污名。实际上心理变态往往因为能够征服强大而成功的猎物而沾沾自喜，不论你是什么样的人——不论你是活泼还是内向、幸福还是不幸、合群还是孤僻、自信还是内敛，不论你情绪外化还是有所保留，不论你是爱玩爱闹还是害羞笨拙，在心理变态眼里都没什么分别——你都有可能成为他们的目标。

而不管什么样的人，都不应该遭受虐待。

何况让你被心理变态盯上的并不是你的弱点——而是你的强项。而这次与心理变态的纠缠实际上会为你带来更多力量与强项，它们最终会抚平你的创伤，陪伴你走完之后的旅程——并且是让你以更完整、更自信、充满了爱的面貌走完。

我生命中许多最重要的挚友都是在"恶情人退散"社区中结识的。而我在这些朋友身上也发现了一些我相信为大多数幸存者所共有的优秀品质。

1. 行动胜于言语。健康而谦虚的个体往往很少夸耀自己做过多少好事，因为这不仅显得傲慢自大，还会让他人不适。他们更倾向于用行动证明自己。

2. 强烈的道德意识。幸存者往往是极其在意伦理与规则的人。他们可能在学生时代就不愿卷入冲突，进入社会以后也会严格遵守法律，并且非常害怕给恋爱对象造成伤害。他们的快乐永远不会建立在对他人的侵害之上，实际上他们反而愿意努力让别人也过得像他们一样好。

3. 为自己的行为负责。他们不会因为自己的问题而指责别人，反而会担负起全部的责任。他们不会为自己的作为寻找借口或替罪羊。

4. 温柔而富有同情心。幸存者们往往都是愿意妥协、让步，愿意主动改变眼前的状况的人。他们亲切而温暖，对他人的感受非常敏感。

5. 在需要道歉时绝不退缩。如果他们做了什么错事（或者有时其实根本没有做错什么事），他们一定会主动说"对不起"。而控制狂只会为了从麻烦中脱身而敷衍着道歉，好让他们的猎物稍微恢复一点对他们的信任。

6. 理想主义、浪漫、想象力丰富。幸存者里有很多人都从事着和创意有关的工作——艺术家、作家、音乐人以及从事与灵性相关的工作的人们。这些天生的梦想家往往会在把理想与现实结合时遭遇更多困难，但是这个世界如果没有了他们又将是多么悲伤、无聊。

7. 不喜欢冲突与批评。心理变态的确喜欢寻找不会反抗的目标。但是这种对待冲突的态度并不代表消极或软弱。它只是反对争执与矛盾，并且希望用能够维持和谐的方式解决问题。幸存者通常都是很好的同事或室友。

8. 乐观主义精神。虽然这种乐观会让他们难以下定决心远离那个施虐者，难以放下对改变那个人、重归理想化阶段的期望，但是它也代表着他们愿意相信每个人最好的一面，并愿意帮助他人发现自身的长处。乐观主义情绪往往会感染他人，给他人带来希望。

9. 宽容大度。大部分幸存者都非常愿意原谅他人的错误，他们只有可能会在原谅自己时格外艰难。他们不恶意评判他人，也不对他人抱有成见。

10. 总是努力寻找他人的长处。他们往往会把自己身上的美好品质投射到他人身上，因为他们愿意相信每个人都有着善良的本性。虽然在疗伤的过程中，他们不得不学会辨认那些天性不那么善良的人，但是这种视角往往会让（正常而富有同理心的）人们不自觉地也展露出自己最好的一面。

11. 对他人的不安全感有着天然的理解。幸存者们似乎能够自动检测到他人的弱点，并且会出于直觉地用善意和尊重去照顾它们。（这与心理变态夸张的奉承完全不同。）

12. 倾向于努力制造双赢局面。在工作和生活中，冲突总是不可避免的，但是富有同理心的人往往倾向于寻找一个能让所有人都满意的解决方式。

13. 理解并尊重他人对个人空间的需求。幸存者们往往能够感觉到他人何时需要一些时间独处，并且不会在这种时候提供多余的关注或是鼓励。他们从来不会表现得霸道傲慢、盛气凌人，甚至让人喘不过气来。他们是很好的倾听者。

14. 随和灵活。他们可以适应各种情况，特别是在和他们在意的人有关的时候。在恋爱中他们会非常包容，除非底线频繁被践踏，否则他们很少主动指出对方的不当行为。即使得到了允许，对他人进行训斥与谴责往往也会让他们感觉心里不舒服。

15. 关注事物的积极方面。他们会着眼于人与事最好的一面，强调优点，并且不会被缺点影响判断。

16. 对伴侣忠诚并尊重。他们在情感关系中致力于建立信任、保持忠诚。不管恋情遇到什么样的挑战，他们都会一门心思地想着对伴侣好。

17. 把性爱与感情紧密联系起来，而不是单纯地视作身体上的交集。性爱实际上也需要强烈的感受与情感联系为之增色。而幸存者们往往更喜欢与一个固定伴侣建立舒适并且亲密的长期关系，而非不断随意更换对象。

18. 寻求并重视终身伴侣。这一点可以和上一点结合起来看。

绝大多数幸存者都期望找到一位长期的固定伴侣——而不是随便约会，不停更换对象。即便是在恋情的初期阶段，他们也会考量恋人身上的各种品质，来判定是否可以与此人拥有更长久的未来。

19. 谦虚的心态。他们并不希望给自己建立什么过于夸大的形象，因为他们知道还是与谦逊的人相处更加舒适、愉快。

20. 让他人快乐也会给他们带来极大的快乐。幸存者们往往拥有一种近乎本能的欲望，想要让别人敞开心扉、开怀大笑、建立自信。一个来自陌生人的微笑就能点亮他们的一整天。

21. 喜爱孩子或者动物。他们对他人呈现出来的与生俱来的纯真有着极大的尊重和爱慕。

22. 强烈的正义感。幸存者们往往勇于追求真相，不完全理解自己身上发生过的一切决不罢休。摇头放弃并表示"唉，生活本来就是这么糟糕嘛"绝对不是他们能够接受的结果。

23. 尊重他人的观点、意见以及信念。即使与别人意见相左，他们也不会对他人的观点或信念加以嘲讽与贬低。他们的亲友与恋人在他们面前都可以敞开心扉、开诚布公。只要观点是以平等而尊重的方式表达的，那么它们也一定会被开阔的思路友善地包容。

24. 潜藏的力量。幸存者们之前的消极与如今的强大往往构成鲜明的对比，因为他们有着支撑他们的强大的适应能力。

25. 勤劳而独立。幸存者们通常在生活的每一个方面都非常认真、努力——不论是工作、家庭，还是在互助平台上帮助他人。实际上我正是在这个网络平台上遇见了我此生见过的最积极进取的一群人，没有人愿意沉沦于过去的阴影，或是做一个永远的受害者。

26. 优秀的倾听技巧。他们在开始讲述自己的故事之前，往往会平静而耐心地听你说完。幸存者们愿意花费好几个小时去倾听他人，并且会在不刻意把一切都往自己身上联系的情况下展露理解与同情。

27. 能够享受孤独。他们在恋情中不会轻易感到无聊，更不会频繁地去寻求刺激。当然，这也不代表他们没有冒险精神，这只意味着他们欣赏情感关系的持久性和可靠性。他们的幸福与快乐并不依赖外界的刺激，而是来自内心。

28. 对陌生人彬彬有礼。你可能听说过所谓的"服务员测试"——你可以通过约会对象在餐馆对待服务员的态度判断出很多事情。我个人认为这也是一种非常有效的衡量某人的道德标准的方式。马尔科姆·福布斯曾经引用过一句话："一个人的品格，从他如何对待那些对他毫无帮助的人就可以看得出来。"

29. 热爱自然，与自然有着天然的关联。他们往往享受在大自然中的时光，享受贴近自然，尊重地球母亲的创造与恩赐。他们因灿烂的阳光而欢欣鼓舞，因暴雨雷霆之力而敬畏惊叹。

30. 持续终生的对爱、和平以及和谐的不懈追求。我所遇到的

每一位幸存者都跋涉在专属于他们自己的、通向自由的征程上。这是他们自己做出的选择，而我也对他们战胜黑暗寻求光明的坚忍极尽尊重与仰慕。在我看来，这是人类最为神奇的品质。

我相信你也可以在自己身上发现许多以上列举的特质，你应该尊重它们，为它们而自豪，并善于在他人身上寻找这些品质。

不要因为觉得自己输掉了和心理变态的爱情竞技就自暴自弃，不要忘了，他们真实的目的是摧毁你身上的这些优点——这些他们永远不可能拥有的东西。他们试图通过欺骗让你以为这些品质是有问题的，试图把这些美好的长处转变成碍眼的缺陷。但是他们永远不可能毁掉这些品质——它们永远都在你心里。而一旦你重新发现它们的价值，你也就能变回最真实的自己——那个美丽、有爱心、善解人意、能够点亮这个世界的存在。

在这本书的开头，我曾经分享了用来发现心理变态的三十面示警红旗——可以帮助你发现有控制狂或虐待狂倾向的人的预警信号。而现在你不妨把以上列举的三十个力量的象征作为帮助你发现富有同理心的人的参考——那些你想要邀请进自己生活中的人。这样的人应该寻求平静与和谐，而不是戏剧性的冲突；他们应该是善良、忠诚并且富有同情心的存在；他们会倾听你、珍视你，看到你最好的一面；他们应该是一个乐观主义者、一个浪漫主义者、一个和你一样的"梦想家"。是的，这个世界上还有许多和你一样的"梦想家"存在。一旦你找到了他们，你将再也不想——也根本不需要——再回首恶情人给你留下的那片阴影了。

灵性与爱

　　和心理变态的情感关系最典型的特征就是它的发展过程：先是梦幻般的开始，迅速随之而来的便是对自我同一性的侵蚀，最终是冷血无情的抛弃。与正常的恋爱中会出现的蜜月期不同，心理变态的掠食者对你的爱情轰炸不会逐渐归于平静，他们的行为只会从一个反常的极端跳到另一个反常的极端，从昨天拉着你一起畅想结婚生子，瞬间变为今天对你的身体与外貌刻薄抨击，还骂你疯癫失常。

　　在心理变态刚刚造访的时候，许多幸存者的生活都是相对稳定的——他们有稳定的工作、知心的朋友以及日常的一些小烦恼。但是几个月之后，这一切都变得面目全非：积蓄见底、朋友反目、小烦恼成了大问题。你原本舒适的生活变成了充满绝望与不确定性的噩梦。你为了那个曾经令你神魂颠倒的"灵魂伴侣"孤注一掷，结果却换来了难以置信的糟糕待遇。当一切终于尘埃落定时，你会感觉自己用所拥有的一切换来了两手空空。这样恶劣的情感关系往往让幸存者们精疲力竭，简直失去了继续生活下去的全部能量。

而通过漫长的疗伤过程，我们从黑暗中一点点重新拼凑起支离破碎的人生，从空虚和绝望中重新找到了自己之前从未珍惜过的品质：创造力、善良、谦逊、同情心。它们为我们的灵魂奠定了基石。当我们通过艰苦的努力逐渐回归本真时，心理变态却还像发条玩具一样重复着他们扭曲的情感虐待循环。他们无法获得成长或是转变，因此他们才会满怀仇恨地试图摧毁我们，但是人类的精神永远不会被这样摧毁，因此心理变态也永远不会成功——他们只会一次又一次地失败。

一旦你学会了尊重自己，你就拥有了去活成梦想中的样子的自由。因为你再也不用在乎他人小肚鸡肠的评判，终于有了尽情发掘自己的创造力、想象力以及灵性的机会。

这就是一切奇迹的起点。

拥抱全新的自己，为了爱敞开心扉吧。你完全有理由为自己感到骄傲，因为你做到了，你从那片黑暗的过去中成功地走出来了，你的人生之路发生了永久性的改变，而且一定会越变越好。你可能还会遇到危险而有害的人，但是你再也不会上他们的当。你的心智、心灵与身体已经寻得了统一与平衡，在那些没有灵魂的人的思维游戏面前，你坚不可摧。

你不会再沉溺于反思过去，因为你拥有一片光明的当下和未来。

你不用再劳心费力地分析他人可疑的行为，因为你已经学会了如何简单地让这样的人离开你的生活。这一切你已经驾轻就熟。

多年的沉眠之后，你的灵性终于苏醒，它准备好了重新面对这个世界，重新与世间万物相连。这个世界上有一个重要的位置是留给你的，它永远属于你，你在这里的存在只为了你自己，而不是给他人留下什么深刻的印象。我们的社区好友"次日清晨"写下了如下这篇感人至深的文字，它描绘出了疗伤这一过程的真实面孔。

缓慢，但是确信无疑

曾几何时，我会因为周末时光中电话铃声没有响起而焦虑不安，而现在的我只会因为电话在周末无故响起而心烦。

曾几何时，我会因为足不出户、远离热闹而感觉孤独又伤感，而现在的我却需要更多时间独处——我有那么多书想读，那么多事情想在公寓里一个人慢慢做，那么长的时间想打发在散步上……一天要是能再多几个小时该多好。

曾几何时，我格外在意自己的外貌，每天都穿着难受的高跟鞋去工作，而现在的我就算穿着平底鞋上班，也会感觉自己非常漂亮。当然，穿高跟鞋会让我感觉自己更好看一些，可是如果我不是穿着最普通的牛仔裤都能对自己自信满满，那么再华丽的裙子都不会让我真正变美。

曾几何时，我每天都会化妆，必须化妆。而在现在的我看来，这就没那么有必要了。化妆让我开心，但是就算素面朝天也不会对我有任何影响。

现在的我更能欣赏他人脸上的微笑，现在的我感觉自己与他人的联系远比以往紧密。当现在的我看到微笑的行人时，我会花上几秒钟想想他们，并真心为他们的欢乐感到欣喜。

现在的我也会遭遇悲伤，但是生活就是这样。生活中就是有好有坏，有高峰也有低谷，我能改变的只有自己看待它们的目光。

现在的我，唯一的担心就是自己可能无法再次缔结紧密的友情或恋情。但是我也只是刚刚走完了康复之路的三分之一而已，所以谁知道在未来等着我的会是什么呢。我依然不太敢依靠他人，但是我已经在自己身上发现了可以依靠的力量——这是平生第一次，而且这让我感觉棒极了。

有时我也会感到孤独，但我知道这是在我固有的思维方式下得出的结论。我并不孤独，我只是把那些居心不良的人赶出了自己的生活。而现在的我的生活，已经为在未来等着的更好的人与更好的事留好了更多空间。

一切都在一点点好起来，缓慢，但是确信无疑。

感恩与宽恕

在疗伤的过程中，我们往往会忽视这个世界上还有多少美好，但是它们一直都在那里。从你醒来的清晨到你睡去的深夜，美好的事情一直存在于我们的生活之中，你需要的只是对它们敞开心扉。

因为每一天都有那么多奇妙的事情在发生啊。人们在欢笑，鸟儿在飞翔，孩子们在玩耍，浪花在拍击着海岸……这是一个神奇而迷人的世界。但是如果我们只着眼于那几件不怎么美好的事情，我们就看不见真正重要的——我们会忘了如何让自己快乐起来。

我想在这里与各位分享一个小小的练习，在最近的几年里，我一直依靠它让自己保持对生活的感恩之心。它不一定对你有效，但是它曾经给我的心灵带来了难得的平静。每天晚上睡觉之前，我都会想一个自己深深感激着的人——通常是我的妈妈或者我某位好朋友，我会努力在这段时间里回想他的面孔、他的笑容，以及他真诚的善意。我向他美好的心灵致敬，并对其他深受我信任和感激的灵魂逐个进行这个步骤。出乎我意料的是，这样的活动似乎能永远继续下去，我的思绪在入睡之前似乎永远不会走到尽头。实际上，我相信这个世界上好人的数目也永远不会有尽头。

很多幸存者——包括我自己——都非常看重宽恕。通过刚才我说到的那种活动，你也可以试着缓缓地把那些伤害过你的人和你平静的思绪连接起来。这样一开始可能会让你感觉非常不对劲，你甚至可能一想起那些人就压抑不住怒气，但是如果你坚持下去，他们在你的心中大概最终也能拥有一个柔软的角落。如果你付出了那么多爱意，又有什么怒气是不能消解的呢？

当然，你千万不能把宽恕等同于和对方联系。你原谅了那个心理变态的恶情人，完全不意味着他就应该重新在你的生活中拥有一席之地。你也不用把自己的宽恕告知他们。真正的原谅来自你的内心，你不需要别人来认证你的悲悯与善良。

何况如果你选择不原谅那个心理变态也完全没问题。许多幸存者会觉得原谅他们简直是对自己灵魂的羞辱，而我也完全理解这一点。最终做出选择的人毕竟是你自己，而我从来不敢对他人的内心活动做过度的揣测，或是徒劳地去试图了解。你只需要做能让自己快乐的事情就好——只有你自己知道怎么做。

一次奇妙的对话

我相信我们都有过这样的体验：自我怀疑，思绪片刻都不得平静，对我们自己、我们的未来以及我们生活的世界都充满忧虑。在经历过一段情感虐待之后，这样的精神状态会得到加强而更加令人沮丧。

当我们受到伤害时，我们第一时间产生的愿望就是能让这种伤害立刻停止，我相信这是我们的思维针对伤痛的本能反应。我们是天生就有自愈能力的生物，因此在情感虐待之后，我们希望能尽快好起来也是非常正常的现象，然而我们都知道这并没有那么简单。我们需要花上好几年的时间，需要对潜意识进行深度挖掘，需要加倍地付出努力，才能找回我们的自我价值——找回我们在这个世界上的容身之处，更是找回我们立身于世的自信。

可是即便做到了这一点，我们的旅程依然没有结束。

多年过后——哪怕我已经学会了尊重自己，拥有了健康的新恋情和美好的友谊——我依然会感到胸膛深处隐隐作痛。我很难具体地描述这种痛感，但是我知道它每时每刻都存在。虽然具体的情况未必相同，但是许多幸存者都有类似的感受，之前我曾经用这样的语言描述过这种感受：

> 你心中的恶魔似乎用利爪紧紧地握着你的心脏，它无时无刻不在提醒着你，你想要忘记的一切不会就此消失。

我花了好几周的时间去研究这个恶魔，想试着找出它不肯离开我的原因，因为我实在是太想赶快把它送走，来让自己可以重新享受生活了。我试着让自己相信它已经消失，却总是能感到它偷偷摸摸卷土重来。我考虑过用冥想打败它,但是出于某些个人因素,我最终还是没有选择这种方式。

直到不久之后的某一天,我遇到了一位专长于"想象力疗法"的心理咨询师。这种疗法让我产生了强烈的兴趣,因为我喜欢所有需要运用创造力的活动,所以我预约了她的咨询,并在接下来的几周里深入地探索了自己的幻想世界。

我想在这里和大家分享一下我在治疗中学到的东西(还额外包括一些我日后的领悟作为补充),也许它能对与这种挥之不去的痛楚做斗争的人们有所帮助。如果你也正在经历着那种痛苦,记住你不是一个人,而且你不需要再感受到那种伤痛了。

我首先需要重新审视的就是"恶魔"这个概念,因为它自动认定了那种阴郁的感受是我的敌人。我曾经那么憎恨它,那么希望它尽快消失,它怎么能不是我的敌人呢?恐惧的力量是强大的,它会让我们像树木扎根一样牢牢抓住不幸与悲伤不放。

而现在正是我们打破思维定式,与那片阴影勇敢地面对面的时候了。

这么做的时候你最好找一个舒服点的地方。我个人最喜欢的地点是泡泡浴缸里。在开始之前先做几次深呼吸:通过鼻子吸五秒,屏住呼吸五秒,再从口中向外呼五秒。当那种隐痛再次来临时请务必集中精神,哪怕你正处于最放松的环境中也要严阵以待。一旦它不期而至，你要做的不是希望它马上过去，而是敞开自己迎接它。这虽然有些恐怖，但是我可以向你保证，它不会伤害你。

所以请你欢迎所有纷乱的思绪到来，欢迎那些忧虑、怀疑以及随之而来的生理症状。一旦这团阴影占据了你脑海的全部………

对它打个招呼吧。

以下是我记忆中自己与它的对话。这段对话改变了我的一生，我希望它也能给你带来一点启示。

对不能预料的问题的不能预料的回答：你为什么在这里？

我原本期待它给我一个恶劣的反馈，用我的前任虚无缥缈的声音告诉我我就应该受罪，因为我疯狂、脆弱而可怜。

所以你可能不难想象，当"他"（是的，属于我的那个"恶魔"无疑是一个小男孩的形象）温柔地对我做出回答时，我是多么震惊。

"他"说："我只是想来看看你是不是还好。"

一切都变了。"他"的面目突然就变得不再狰狞。但我还是得搞明白"他"为什么一定要伤害我，为什么要给我的胸膛里种下那种紧绷的隐痛。在我发问之前，"他"就已经回答了我的问题：**"我只是在拥抱着你的心，来保护你的安全。我从来不想伤害你。"**

这让我不再希望这个"小男孩"离开，虽然我肯定还是希望"他"之后别再抱得那么紧了，但是我对"他"已经完全没有了恐惧。我很快就对"他"产生了信任。"他"身上有着某些善良、可爱并且纯真的特质，我想要更多地了解"他"。

失落的回忆：你是什么时候来到我身边的？

我猜想"他"是在我分手之后才来到我身边的，因为那时候我才开始感受到"他"那令我胸中隐隐作痛的"拥抱"。所以我问"他"是何时找到我，又是何时决定留在我身边的。而"他"的回答又一次令我震惊。

"他"说，自从我出生那天起"他"就和我在一起，"他"是我的能量、我的创造力——我的心灵。"他"会永远和我在一起，并且因为我终于愿意和"他"说话而非常开心。

但那些"拥抱"的确是最近才发生的事情。我从来不记得过去有过类似的情况。因为我天生就是一个活泼开朗的人，"他"也就可以自在地与我一体同心地共生。但是当我受到了严重的伤害，遭遇了前所未有的邪恶时，"他"的声音就不能传达出来，并且总是被粗暴地推到一边。我们曾经共同珍视过的东西被无情地践踏。但是"他"依旧和我在一起，"他"沉静而耐心地等待着。如果能得到机会，"他"会为了保护我不再遭遇那样的错待而不择手段。而且"他"尽了自己的全力想要毁掉那段情感，因为"他"不忍看着我臣服于原本应该与其平等相待的人类。每当我希望"他"保持沉默时"他"都会爆发，因为"他"才是那个无论如何都想揭穿那些谎言、虚伪和控制的人——虽然我一直在努力地为了保护那个理想化的幻象而无视它们。"他"才不在意被指责为疯狂或神经过敏,"他"只希望我能永远地离开那个同时侵蚀着我们两人的黑洞。

而在我人生中最为黑暗的时期——我认真地考虑过离开这个世界的那段日子——是"他"给了我一个留下来的理由,是"他"给了我希望。

新的伙伴关系:未来还会发生什么事呢?

我对"他"表达了真诚的感谢,我感谢"他"保护了我,我感谢"他"看穿了我看不透的邪恶。即便如此,我还是必须要让"他"知道,"他"的拥抱会给我带来痛苦。我告诉"他",我从自己的经历中得到了学习与成长,我还向"他"保证,我再也不会容忍自己受到那样的践踏和侵犯。我请求"他"稍微把对我心脏的拥抱放松一点点。

"他"认真地考虑了我的提议,并表示"他"会为此尽最大的努力。"他"告诉我,"他"还需要一点时间才能松开对我的拥抱——这种事情是不能一蹴而就的。"他"说我们应该合作,应该一起找到一个对我们双方都好的解决方式,我充满热情地同意了"他"的看法。这段对话给我带来的收获,简直比我疗伤的两年里所有成果加起来都要多。

我现在可以满怀爱意与珍重地对"他"道一句晚安了。那天晚上入睡之前的我异常平静,因为我知道有一位忠诚的卫士会守护我的梦境，用"他"永恒的光明和不灭的爱为我与黑暗做着不懈的斗争。

在某一天的夕阳下：我们为什么来到了这里？

自从那天之后，我每天都会和"他"聊一聊。我现在知道"他"是我的朋友，"他"一直忠诚地陪伴在我身边——不计回报，只是耐心地等待着与我对话的机会。每当我被各种情绪裹挟时，轻轻问"他"一句"嘿，你过得怎么样"都会让我迅速平静下来。

"他"总是会回答我。"他"的答案从来不会让我感到恐惧。

我发现自己和"他"联系得最紧密的时刻，就是我坐在河边看夕阳的时候。我想我开始发现了我们降生在这个奇妙的星球上的真正理由。如果有谁有着像"他"一样的心灵，会为了一切美好而奋战，那么我想他们一定可以看见彼此，可以相互交流。在我的想象中，每当我们在深夜中睡去时，他们一定会聚到一起，一起欢笑、哭泣、奋战以及守护。

这个意外的发现让我惊喜不已，不论拿什么来跟我交换我都不会放手。这个内心中的存在——这个真我的核心——自从我们来到世上的第一天起就陪伴着我们，它永远不可能被摧毁。我们中的每一个人都受到过不公平的待遇，都遭受过无情的践踏与蹂躏，我们从来不想被强行夺去保持纯真的权利。但是那些试图毁灭我们的人不知道的是，在他们试图毁灭我们的自我同一性的同时，实际上也给了我们与自己的心灵建立深层联系的机会。

因此心理变态永远不可能成功。

他们不理解爱是什么，他们感觉不到焦虑和担忧——那是我们的心灵想确认我们的状况。他们也许能模仿一切，但是他们永远不能理解或体验到这个世界上最重要的魔力。爱宣示着心理变态可耻的游戏的终结，也标志着我们的旅途的开始。

我们的心灵不会伤害我们，它们只想给我们带来帮助。它们会耐心地等待着那个它们誓死保护的人与它们对话。而在那之前，它们会永远在那里默默地支持我们：坚定、强壮，随时准备进行下一场大冒险。

重获爱情

出乎我们意料的是，在从心理变态的伤害中恢复后，爱情与性爱只会越变越好。你原本已对欲望带来的绝望上了瘾，并以为自己离不开那种紧张得令人窒息的激情——你曾经以为那就是爱。但是现在你已经明白，爱是温柔、耐心并且和善的。爱应该是始终如一且充满创意的。你不应该在爱情关系中时刻质疑爱人的动机。爱是两颗心灵和平地共存，共同探索这个广袤的世界。

虽然根据你所遭受过的虐待在程度或种类上的差异，你可能还是需要一点时间来克服一些性爱上的刺激。真正的好伴侣是会给你时间的，他会和你交流，会试图去理解你，并保证你不会感觉不适。你会发现健康、正常的恋人之间的性爱应该是表达爱意、建立纽带的方式，而不是操纵他人的手段。

一旦你完全恢复了信任他人的能力，你体验心灵与肉体的亲密的能力也会如花朵般绽放。你终于可以把在疗伤过程中学到的一切用于实践了，你知道自己是谁，你知道自己应该得到什么。你终于可以自由地释放爱的能量，因为它将得到尊重和珍惜，而不是被浪费在吞噬一切的黑洞之中。

和心理变态在一起的时候，你可能永远也搞不清自己的立场，因为你总是生活在不确定之中，每天都在担心那个人是否还在乎你，你生活的全部都被这种纠结占据。但是一旦你找到了真正的爱情，你就可以完全遗忘这些垃圾，你不再需要质疑自己，你的爱情应该是一段双方共同分担、共同付出、充满了热情与奉献的伴侣关系。

当你终于意识到自己遇到了那个对的人时，那种感觉非常美妙。"啊，这个人永远都不会伤害我"，请好好想想这个念头代表着什么。你花了几个月——甚至几年——的时间对抗情感虐待，而现在在你的努力之下，一切终于有了改变。你仅凭一己之力脱离了感情暴力的恶性循环，你打破了自己的思维定式，重新规划了人生的轨迹。而作为这一切的回报，你的心终于得到了自由。

　　你不用担心这一刻什么时候才会到来。如果你属于那种没有恋人也能过得充实如意的情况，这对你来说便根本不是问题。而如果你是一个追求爱情的人，你只要记得总会有人发现我们身上的美好之处，而一旦那个人到来，你的心一定会让你知道。你真的完全不用心急。

　　你还记得那种感觉吗？你偶然听到了一首很棒的歌，忍不住单曲循环地听了一整天，甚至想象不到没有这首歌陪伴的日子会是什么样。爱情也就像是这么一首歌，它总是突然出现，而在你意识到之前，你就已经开始和着那曲调唱起来了。

"愚者"与世界

　　"愚者"正准备踏出旅途的最后一步，却发现自己回到了旅程的起点。他所面对的正是当他年幼无知时，因为不懂关注脚下的路而险些从上面坠落的悬崖。但是现在的"愚者"对自己所处的位置有了完全不同的看法。他曾经以为自己可以将身体与心灵分开，先把其一的奥秘研究殆尽，再探索另一个中隐藏的知识，但是到了最后，一切最终都在他身上归于一个统一的自我，万物归一：灵与肉、过去与现在、个体与世界、"愚者"和魔术师——通向宇宙之奥秘的门扉。带着了然的微笑，"愚者"迈出了使他坠下悬崖的最后一步……但是他的身体反而腾飞而起。他越飞越高，直到整个世界都在他眼前一览无余，直到群星将他包围，"愚者"就在这群星中跳起舞来，与宇宙完美融合。他在起始之处寻得了终结，而又在终结之处重新开始。世界之轮开始转动，"愚者"的旅程至此圆满。（Acelectic.net,

PART 4 | 重获自由

塔罗牌解析)

　　请想象一个二十二岁的柜内同志小处男，刚刚勉强结束了自己的青春期，穿着沃尔玛买的破牛仔裤走进大学校园去上他的编程课。

　　你猜怎么着，那个人就是当年的我。

　　你没准也能想象，那时候的我属于那种特别缺乏安全感的人。我那会儿还是一个爱长痘痘的红毛小子，从来没交过男朋友或者女朋友——因为从来没有人觉得我有什么吸引力。我的不安全感很大程度上来自我的性取向。虽然听起来很浅薄，但是我当时也特别因为自己的相貌而不安。而且那时候的我对自己缺乏安全感这件事并不知情，这基本上就是缺乏安全感的最糟糕的情况。

　　但是那也只是当年的杰克森身上的一小部分特质。在绝大多数时候我还是喜欢到处活跃，广交朋友，享受安静的时光，以及给猫盖房子。当时的我无忧无虑，不会为任何事情感到心烦，不对任何人怀恨在心。我喜欢逗闷闷不乐的人开心——因为我以为没什么是一点点善意治愈不了的。我喜欢冒险，我更梦想着拥有自己的家庭和孩子。

　　以上的一切全部相加起来才构成我完整的性格，但是在我一生中最黑暗的那段时间里，我的不安全感接管了一切，成了我全部的自我同一性。我推开心中一切美好的东西，只为了给我的错误腾出空间，这一点在我一点点被那个恶情人扯入黑暗的深渊时尤其明显。而当那段感情终于结束时，我认定过去的自己就是导致这些痛苦的罪魁祸首。我并没有逐个分析和检查自己的不安全因素，而是整个抛弃了之前的性格。我想要成为一个完全不一样的人！这是多么不走脑子的解决问题的方法啊。我也为自己的这种轻率付出了相当的代价：我丢了一个很好的工作机会，吓坏了我的朋友们，挥霍光了辛苦积攒的存款。我搬进了一间昂贵的公寓，试着去做一个硬汉，试着变得性感，但是这些尝试最终都以失败告终（特别是尝试着变性感这事）。

而当我现在回首走过的路时，我发现最奇怪的就是，如果测算从起点到现在所处位置的直线距离，那么我实际上真的没有走多远。我在疗伤过程中所付出的绝大多数努力，实际上都是在让自己回归曾经的面貌——虽然肯定还是会有一点点变动。我曾经以为自己的康复需要把一切都连根拔起才能有意义，但是事实根本不是这样。实际上那些向过去的我宣战、否定我重视过的一切的行为，反而让我心烦意乱、惴惴不安。

你可能也有属于自己的不安全感：童年创伤、隐秘的虚荣心、恶情缘或者其他与这些完全不同的东西。不过不管你具体面对的挑战是什么，如果你能把它挖掘到一定的深度，我相信你都会在自己身上发现一些很棒的品质。而且比这个更棒的是，没准你可以学着欣赏过去的自己在那种情况下做出的努力，那时的你已经尽其所能做到最好了。

一旦我们学会了用更加温柔的眼光看待过去的自我，整个康复疗伤的过程就会变得更加令人愉快了。我们终于可以把那种牵扯过多时间与精力的性格转换抛到一边，而只需要做一点自省，了解我们与生俱来的那些品质，因为正是它们决定了我们是谁。这个发现在最开始可能会有点让人泄气，因为你可能会感觉自己已经失去了那种富有爱心、容易相信他人的精神。

关于这一点嘛，有一个好消息和一个坏消息。

好消息是，你过去的自己从来没有消失过，永远也不可能消失。

坏消息是，我又用 Windows 自带的画图软件画了下面这个难看的图。

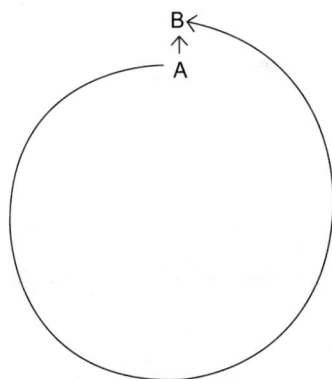

　　如图所示，从 A 点到 B 点有两种方式。你要么直接向上走一厘米，要么走过那条又长又绕的路到达那里。而生活这件事的麻烦之处就在于，除非你选择了那条又长又绕的路，否则你永远都不会知道那条捷径的存在。别人的确可以告诉你怎么走捷径，你可能读过许多关于如何寻找它的书，父母也会教你走捷径的方法，有些人甚至为了找到它不惜花费重金，然而你知道，这一切最终都不会奏效。你此时能看到那条捷径的存在，是因为我把它在示意图上画了出来，而在现实生活中，你只有走过那条长路才会发现原来有捷径。

　　可是你要知道，这一点虽然麻烦，却并不是什么坏事。在那条又长又绕的路上我们可以学到许多东西。虽然这条路令人望而生畏，但是很快你就会发现，在每一个转角都会有无数机会和秘密等待着你去发掘。你每前进一步，都会对这个世界和你自己产生一些全新的认识。在这条旅途中，有些日子会让你感觉悲伤无望，而另一些日子则带给你明锐的洞察与满满的信心。也许在踏上这条路的时候，你是一个满怀同情心与盲目信任的人，你在路上也许会决定彻底否定这些品质，因为你认为是它们让你成了个逆来顺受的受气包，但是你离 B 点越近，你越会发现这些特质的美好之处——它们实际上都很棒，你只是需要谨慎的意识和对自己的尊重来让它们完全发挥出应有的功能。

　　我们在这条路上每一个小小的发现，都会强化我们的洞察力与理解力。这也是为什么当我们终于接近终点，回首来时的路时会忍不住这么想："嘿，我当时都在想些什么啊！分明有那么多更好的路可以走！"因为这些都是马后炮嘛。站在终点看那些捷径，并想着自己怎么那么笨居然错过了它们，当然是一件很简单的事情。但是只有走过了那条漫长的远路，我们才能拥有进行这种评判的能力——不仅仅因为我们到达了终点，更因为那些错误、尴尬与失败教给了我们东西。

我喜爱"愚者与世界"这个典故，正是因为到达旅途的终点时，"愚者"依然是那个"愚者"。虽然在路上收获了全新的知识与智慧，但是他依旧是当初踏上这段旅程的那个人。

所以这个故事告诉我们什么道理呢？就我个人来说吧，我得到的教训是下回在二十一岁之前结束青春期会比较好。玩笑归玩笑，不论你得到了什么启示，你都要知道，我们每个人都绕着与他人截然不同的专属于自己的弯路。而且我已经开始怀疑B点不但根本不是什么终点，甚至连终点的边都挨不上。

更广阔的视界

富有同理心的人们——这些"梦想家"与理想主义者——拥有一种完全得之于意外的奇妙能力。他们在早年往往会深受自我怀疑、不安全感以及刻意取悦他人的习惯的困扰。而一旦他们的人生之旅因为和心理变态的遭遇而脱轨，原本舒适的生活被连根拔起，他们之前一直信赖的处世之道似乎就再也无法给他们带来快乐。这种抑郁沮丧最初会让他们相信自己也许再也找不到幸福，但是它也最终会把他们送上寻求爱、正义与智慧的冒险之旅。一旦踏上这条征途，就再也没有什么能够让"梦想家"停下脚步。

而如果全世界的"梦想家"都联合起来呢？

那我们应该就拥有足够改变世界的能力了吧。

家庭、工作单位与社会

虽然这本书最初是想要写给在恋情中受到创伤的幸存者们的，但是实际上遭遇心理变态虐待的隐患无处不在。它在过程中主要表露出来的特征有：理想化、对性格的模仿以及随之而来的贬低与自我同一性侵蚀，其应用范围并不仅仅局限于恋爱关系，更多见于B组人格障碍群体。你的上司、父母、兄弟姊妹、朋友、同事，甚至邻居，都有可能给人带来这样的体验。

在家庭中，你也许曾经在童年遭受过来自双亲之一的如此虐待，他只把你视为换取自己想要的东西的工具——他对你总是有过高的期望，而且你也意识到他自己在行为上永远不可能满足这样的预期。而如果你不遵从他制定的规则，你就会立刻受到冷落和嘲讽作为惩罚，让你感觉自己毫无价值，甚至不被自己的父亲（母亲）所爱。当你终于不堪重负的时候，他又会把你一直以来绝望地渴求的赞扬和肯定倾泻到你身上。哪怕是在自己的家里，你都感觉每一天都要小心翼翼、如履薄冰，这个家从来就不是你身后坚定的后盾与根基。你可能需要数年的专业治疗与自我调节，才能逐渐消除这种持续性洗脑的影响。

在工作岗位上，你可能遇到过那种控制狂同事。他施展个人魅力闯进了你的职场生活，而一旦得其所愿，他从来不介意在背后捅你一刀。他无时无刻不在对他人窃窃私语、搬弄是非，通过巧妙而隐蔽的三角关系让整个单位的人都对你另眼相看，而如果你站出来捍卫自己，你反而会听起来像是发疯、讨人厌的那个：因为你居然敢和整个单位最讨人喜欢的员工作对，这个人分明跟所有同事都是那么亲热。（当然，除了你。）

别忘了还有那种心理变态的上司。他的魅力往往让他很快得以上位，他很可能就是那个可以随便给你找不痛快的经理，因为他知道你对此束手无策。他向你脸上扔什么你都得乖乖接着，因为毕竟是他给你发工资，任何反抗都可能让你直接被炒鱿鱼。他会不负责任地挪用公司的资金，从来不肯定员工的业绩，并且毫不留情地铲除任何自己看不顺眼的人。他是霸凌者和控制狂，却总有办法让自己看起来清白无辜。

然而社会上一直有一种奇怪的思路：心理变态往往也是很有用的人，有时候甚至不可或缺——至少在工作岗位上他们能够下定决心，做出常人难以做出的艰难决定。但是真正与心理变态共事过的人一定会立刻对这个看法全盘否定。心理变态总是会招致混乱，给业绩造成难以挽回的损失，外加把整个办公室的工作氛围搅个底朝天，而且他们在这么做的时候还总是有办法洗清自己的嫌疑，把罪责都推到别人身上。为了自己得到晋升，他们从来不介意毁掉其他同事或者下属的事业和生活，实际上他们还巴不得能这么做呢。

　　而如果以上这些都还不够可怕，那就想想这些人在心理上天生有着对权力、金钱以及犯罪的难以抗拒的渴求吧。罗伯特·哈尔博士的作品已经揭示出，在监狱服刑人员中，心理变态所占的比例实际上出乎意料地高。

　　那么那些没有进监狱的心理变态又在哪里呢？华盛顿？华尔街？

　　诚然，在这个世界上的不少地方，欺骗、背叛、损人利己都是完全可以接受的——它们甚至是符合环境预期的。政客通过个人魅力和华丽的承诺上位，而一旦他们真的坐到那把椅子上，我们往往会愤怒地发现他们的所作所为与之前的言行相比发生了翻天覆地的变化。这种状况是如此常见，以至于政客的承诺现在差不多可以等同于深夜喜剧秀上的段子，但是这其实一点也不好笑，仔细想想，这分明非常恐怖。

　　我们总是被亲自选上去的政客背叛，而我们居然已经习惯了这种行为，甚至认为它是正常的。我们居然相信成年人有理由像个任性而霸道的孩子一样行事，相信政治家有理由做出永远不会兑现的承诺，相信政府有理由唾弃它曾经发誓要批准的文件，我们居然相信这都是正常的。

　　可是这不是正常的，这不是什么政斗大戏，这不是一群曾经正派的男男女女被手里的权力腐蚀。

　　这是B组人格障碍的活体展示。

这是寄生虫依附于一个由梦想家和理想主义者组成的强大的国度的表现；这是有毒的人们获得了权力并恣意运用的表现；这是被一群不惜践踏那些他们本应推行的标准的伪君子领导的表现。

不论走到哪里，心理变态都会带来伤害和损失。而在我们试图去理解一位心理变态时，不管他是虐待狂的恋人、阴险狡诈的同事、控制欲强烈的家长，还是心理变态的领导人，我们都行走在一条共同的通向自由的路上。首先，我们要牢记这个世界上有毫无良知与同理心的人存在。其次，我们要学会珍视自己身上的这些品质，而这一点才是最重要的。

"15%现象"

> 我们身边隐藏的反社会型人格者，其实远比更加明显可见的厌食症患者要多得多，他们的数量是精神分裂患者的四倍，并且是罹患其他重大疾病——比如结肠癌——的患者的一百倍。
>
> ——玛莎·斯托特博士《隔壁的反社会型人格》

我不是一个特别擅长应付数字和数据的人，但是我觉得这些数字还是值得获得更多关注。

美国国立卫生研究院的研究结果显示：

·一般人群中的6%有自恋型人格障碍（NPD）。

·一般人群中的5%有边界型人格障碍（BPD）。

·一般人群中的2%有表演型人格障碍（HPD）。

而玛莎·斯托特博士的研究表明：

·一般人群中的4%有反社会型人格障碍（ASPD，反社会型人格或心理变态）。

这些都属于集群型人格障碍，而根据以上的数据分析，每七个人中就有一个这样的人格障碍者——因为他们占了总人口的15%（我在计算和列举时都舍去了小数，只是为了列举出这样的一个总的共病率）。

现在你不妨想象一下，这个占总人口15%的人群中，绝大部分都自由地活跃于社会生活之中。所以从数据上看，你很有可能每天上班路上都会在无意之中和这些狡诈的控制狂擦身而过——没准今天早上给你端咖啡的那个店员就是呢。

所以这其中到底有什么问题？

问题就是，公众对这种异常普遍的人格障碍现象几乎毫不知情。如果你向自己的朋友们发问，他们是否知道边界型人格障碍是什么，你觉得他们中有几个能回答这个问题？又有几个能给出正确的答案？

同样的，你觉得自恋型人格障碍就是那些特别爱照镜子的人吗? 表演型人格障碍就仅仅是总想博取他人的注意力那么简单吗?

你可能会发现, 很多人至少都听说过心理变态这个概念, 但是他们是否知道真实的心理变态和《犯罪心理》或者其他连环杀手故事里的形象有什么不同? 他们是否知道那些埋伏在日常生活中的通过魅惑与操纵强行闯进他人生活的掠食者的存在? 他们是否知道那些挂着一副清白无辜的假面, 把毫不设防的受害者的生活搅个天翻地覆的变色龙的存在?

B组人格障碍主要体现在情感、良知、同理心与感受方面——这些对人类来说可能也是最重要的。所以为什么学校从来没有教过我们关于这种人格障碍的事情呢? 为什么这种人格障碍从来都得不到公众的注意?

更何况社会上居然有15%(我会不断重复这个数据)的人身患这种无法治愈的严重情感障碍啊。由于他们症状的隐蔽性, 我们对他们一无所知。如果某人开始试图了解这些人格障碍, 往往是因为他已经受到了他们带来的伤害。

为什么我们就不能在为时已晚之前把这样的人辨认出来呢?

这四种B组人格障碍者会分别表现出许多彼此相异的症状, 但是他们都有一个共性: 人格障碍者在基本的人类情感上通常会表现得不健康、浅薄、不合常理, 甚至根本不拥有正常的情感。这种症状在拥有不同障碍的不同个体身上自然会有完全不同的体现, 但是受害者的感受往往都是相似的：理想化与去价值化。B组人格障碍者无法和他人建立自然的情感联系，所以他们只得通过胡萝卜加大棒的恶性循环来模仿这种联系（虽然这并不一定是有意识的）。

这本书就是为了帮助那些遭受过这类创伤的幸存者而写的，我希望他们可以通过阅读找到心中问题的答案，更快地重寻理智。所以我不会过多着眼于不同的人格障碍在细节上的差别，因为B组人格障碍者留给幸存者的影响都是一样的：困惑、无助以及毁灭性的情感打击。

当我们终于认识到，总有那么一群人不能像我们一样去感受这个世界的恩赐时，一切似乎就得到了合理的解释。一旦我们不再把自身的良知和善良投射到每个人身上，那些难以接受的行为也就不是不能理解了。对我们中的绝大多数人来说，对这些人格障碍的认识就是拼图上缺失的最后一块，一旦我们把那幅画面拼合完整，它就注定要改变我们的生活。

除了在本书开头提到的三十面示警红旗，以下关于这四种人格障碍的简略概述也可供参考。

自恋型人格障碍

根据《精神疾病诊断与统计手册》的标准，一个被诊断为自恋型人格障碍的个体，其行为应该符合五个以上以下列举的特征：

·期待被视为优越而特殊的存在，即便并没有在行动上落实任何优越的行为或者成就。

·期待从他人处获得持续的关注、仰慕以及积极的支持。

·嫉妒他人，并执意相信他人也在嫉妒自己。

·沉溺于对巨大的成功、吸引力、权力以及智慧的幻想。

·缺乏对他人的感受或欲望产生共情的能力。

·在言行和态度上傲慢自大。

·期待获得不现实的特殊待遇。

在人际交往和恋爱关系之中，这种特征往往体现于蜜月期的早期理想化过程，他们会通过奉承来把你训练成持久的正能量来源——好暂时地满足自身对仰慕的渴求。但是由于他们嫉妒又傲慢，你很快就会发现，你们的二人世界里没有属于你个人的快乐空间。一旦你不能满足他们总是迅速变化着的标准，你就会被贬低、批评、去价值化，直到你再也不能为他们所用。理想化与去价值化之间赤裸裸的落差会让你感觉心碎、迷惑并且毫无价值。

边界型人格障碍

根据《精神疾病诊断与统计手册》的标准，一个被诊断为边界型人格障碍的个体，其行为应该符合五个以上以下列举的特征：

·竭尽全力去避免一切发生在想象和现实中的被遗弃。

· 在人与人的交往中呈现出紧张且不稳定的行为模式，通常表现为在理想化和去价值化这两个极端之间的跳跃。

· 自我同一性混乱，自我意识和对自身形象的认识的波动性表现得明显而持续。

· 对至少两项潜在的自我伤害行为非常冲动。（比如消费无度、纵欲、滥用药物、暴饮暴食、野蛮驾驶。）

· 反复出现自杀的企图、姿态或威胁，也可能体现为自残行为。

· 由情绪反应引起的情感不稳定。（如强烈的偶发性烦躁不安、冲动易怒、持续数小时乃至数天的焦虑。）

· 持续不断的空虚感。

· 行为失当，难以控制愤怒情绪。（比如经常发怒，怒气持续时间长，并时常反复表现为肢体冲突。）

· 与压力相关的、临时性的妄想症状或严重的人格解离症状。

在人际交往和恋爱关系之中，这种特征往往体现于蜜月期的早期理想化过程，他们会通过奉承来把你训练成持久的正能量来源——好暂时地填补他们内心病态的空虚。但是由于他们过于冲动易怒，你很快就会发现，你们的二人世界里没有属于你个人的快乐空间。一旦你不能满足他们总是迅速变化着的标准，你就会被贬低、批评、去价值化，直到你再也不能为他们所用。理想化与去价值化之间赤裸裸的落差会让你感觉心碎、迷惑并且毫无价值。

表演型人格障碍

根据《精神疾病诊断与统计手册》的标准，一个被诊断为表演型人格障碍的个体，其行为应该符合五个以上以下列举的特征：

· 如果他不是注意力的中心，他会觉得非常不舒服。

· 和他人的互动往往不是表现为不恰当的勾引，就是恶意的寻衅滋事。

· 总是呈现出浅薄而急速变化的情绪表现。

· 坚持使用外在形象来吸引他人的注意。

· 说话方式总是格外浮于表面，缺乏具体细节。

· 装腔作势、自吹自擂，表现出强烈的戏剧性做派以及夸张的情绪表达。

· 非常容易接受暗示，非常容易被他人或身边的状况影响。

· 总是把关系看得比实际情况更加亲密。

在人际交往和恋爱关系之中，这种特征往往体现于蜜月期的早期理想化过程，他们会通过奉承来把你训练成持久的正能量来源——好暂时地满足自身对注意力的渴求。但是由于他们既热衷于寻衅滋事又爱夸大其词，你很快就会发现，你们的二人世界里没有属于你个人的快乐空间。一旦你不能满足他们总是迅速变化着的标准，你就会被贬低、批评、去价值化，直到你再也不能为他们所用。理想化与去价值化之间赤裸裸的落差会让你感觉心碎、迷惑并且毫无价值。（你猜出我这么重复是想干什么了吗？）

反社会型人格障碍

根据《精神疾病诊断与统计手册》的标准，一个被诊断为反社会型人格障碍的个体，其行为应该符合五个以上以下列举的特征：

· 无法尊重并遵守社会规则，难以表现得遵纪守法，经常做出可能招致逮捕的行为。

· 控制欲：频繁地使用托词与借口控制他人；利用勾引、魅惑、花言巧语以及巴结讨好来达到自己的目的。

· 虚伪，不诚实。表现为重复性地撒谎、使用别名、为了个人的利益或是享乐驱使他人。

· 行事全凭一时兴起，难以预先做出计划。

· 冲动易怒，富有攻击性，往往表现为重复性的肢体冲突或冒犯。

· 对自己和他人的安全都毫不在意。

· 缺乏责任感，表现为难以承担长期工作或难以遵守经济上的契约。

· 缺乏后悔之心，对自身给他人带来的伤害与错待不是漠不关心，就是强词夺理地寻找借口来合理化。

给咱来点烘托气氛的鼓声呗？因为接下来的重点是……

在人际交往和恋爱关系之中，这种特征往往体现于蜜月期的早期理想化过程，他们会通过奉承来把你训练成持久的正能量来源——好暂时地满足自身对掌控他人的病态欲望。但是由于他们虚伪又无情，你很快就会发现，你们的二人世界里没有属于你个人的快乐空间。一旦你不能满足他们总是迅速变化着的标准，你就会被贬低、批评、去价值化，直到你再也不能为他们所用。理想化与去价值化之间赤裸裸的落差会让你感觉心碎、迷惑并且毫无价值。

首先，我得为把同一段话重复了那么多遍道个歉。

但是咱们再想想那个数字，全部人口的15%，我个人认为它的重要性完全值得一再重复。如果某人对你的看法能从最高峰瞬间跌至最低谷，你至少得知道这绝对不是正常的。当你初次与一位B组人格障碍者邂逅时，你可能会以为自己全部的梦想都成了现实，那个人会用汹涌澎湃的爱与赞美将你淹没，把全部的能量都倾注在你身上，就好像你在他眼中是世界上的唯一。

但是根据上文所描述的症状，这种理想化并不是真实的。它的根基在于心理变态对你病态的需求，这种需求可能是仰慕、填补空虚、注意力或是操纵。但是不论具体表现如何，这种理想化实际上都与你本人的特质无关。因为在B组人格障碍者看来，你并不是一个拥有情感的人，你只不过是一种填补他们情感上的匮乏的方式而已。正如同多见于迷信崇拜的洗脑一样，他们的理想化过程不过是对你的笼络，唯一的目的就是牢牢地抓住你的信任与爱，这样你才能成为满足他们病态需求的能量源泉。

　　一旦你再也不能满足那心理变态冲动而难以实现的需求，你的美梦很快就会变成梦魇。你会被逼至绝境，却又无法表达自己。你的每一个博取那个人同情心与同理心的企图都会落空——你常用的社交策略全都不奏效。这会让你逐渐相信，自己大概真的是疯了，哪怕在这个人进入你的生活之前你从未有过这样的感受。昔日那个活泼开朗的你迅速化身为一个焦虑、偏执、绝望而着了魔的可怜虫。

　　这是赤裸裸的虐待与破坏。

　　而我相信这一切应该有所改变了。

　　每个人关于具体应该改变点什么都有自己的看法。当社会对人格障碍人群的认识逐渐加深时，我们也看到一些罹患人格障碍的人士站出来表示自己不应该被如此区别对待，因为人格障碍并不是他们的选择——就像肤色和性取向一样。可是问题在于，肤色不会让人去侵蚀他人的自我同一性，肤色不同的人们不会因此而对他人多一份仇恨和敌意。同性恋也不会因为自己的性取向而试图操纵自己的伴侣。

　　但是这也让B组人格障碍者成了一个独特而敏感的话题。有这种情感障碍的人看起来完全健康而正常（甚至比没有人格障碍的个体还要正常），可是这样的人会用这副正常的面具作为掩护去恣意伤害他人。

　　其他的生理或心理失调现象都没有这样的问题。

有些人可能想过要去"帮助"或者"治愈"这样的人，但是我就把话挑明了吧：我一点也不关心这种事。心理学家和科学家们的确在辛勤地钻研这些人格障碍的成因与针对疗法，但是就现在而言，这些人格障碍依旧无法治疗、不能治愈而且分布广泛。

所以不如再看看眼前的问题，想想我们如何保护自己。

在我个人看来，改变的第一步不妨从教育做起：从把我们的声音传达出去做起。帮助更多的人认识到心理变态并不都是泰德·布迪那样的连环杀人狂，他们可能就是我们身边那些貌似普通的人。至少要让更多的人可以辨认出有毒的、控制狂的行为，让他们学会区分别有用心的奉承和真诚、健康的爱慕。

第二步应该是验证：帮助幸存者走出黑暗，告诉这些伤痕累累的人他们并不孤独。我们应该相互交流经验，学着理解那些曾经被用在我们身上的操纵手段。你的故事在最开始一定让人觉得荒诞又疯狂，但一旦你找到了正确的标签和关键词，你就会发现成千上万和你一样与那种噩梦奋战过的伙伴。

接下来的一步是疗伤：不再关注那些施虐者，而是把注意力放到受虐的幸存者身上。你要搞清楚，自己在这段经历中到底失去了什么，又得到了什么。建立合理的边界意识，重拾对自己的尊重，时刻反省自身的不安全感和弱点，这样你就能重新开始寻求更加健康与幸福的情感。

最后一步便是自由：一旦你学会了辨认那种有害于你的人，你就能发现和他们打交道并不会给自己带来什么收获。你不会再试图修复他们看似破碎的心，而是把自己的能量用在同样富有同理心的朋友和恋人身上。不管 B 组人格障碍者可能对你做出什么承诺，他们都不会——也不能——为了你做出实质性的改变。

一旦这些步骤都得到了落实，我们就解决了大问题中的一些小方面。我重新找回了自由，学会了如何在今后的人生中远离心理变态的伤害。但是如果我们退后一步，从更宏观的视角去看待我们的社会、组织机构以及文化……那 15% 又造成了多大的伤害？

我们的确有一个问题需要面对，但同时我也是个乐观主义者——而我们乐观主义者就是执着于寻找解决问题的方法。

接下来会发生什么

虽然现在这话听起来不怎么可信，但是我向你保证，只要你坚定地沿着那条通向自由的路走下去，总有一天那段和心理变态的纠缠将不再成为你的困扰。就算你回顾那段过去，它看起来也不过是一段诡异且近乎有些不真实的遥远时光而已。它不再让你紧张，不再让你喘不过气来，它静静地在你心中的一角安顿下来，并逐渐变成了更好的事物。到了这一步，许多幸存者会选择告别我们的康复论坛，这总是让我悲喜交加：因为告别了友人而悲伤，却更因为看到他们斗志昂扬地开始人生的新冒险而欣喜。

毕竟在治愈了创伤之后，我们每个人都会有一条与众不同的只属于自己的路要走。有些人可能选择重归日常生活，此后再也不和人格障碍者产生半点纠葛；而另外一些人可能会选择留下来，帮助更多幸存者走出黑暗；在此之外还有一些人，他们缓慢地把自己的个人经验转变成对同理心和良知如何影响世界的更为深刻、宽广的理解。

可是一切最终都得回到那15%的问题。

一旦我们亲身经历过那理想化与去价值化的循环，我们就可以在生活的其他方面也察觉到它的存在：从虐待狂的伴侣，到控制狂的同事和上司，再到推动世界前进的满口谎言的政客，这种循环无处不在，而我们找到了看破谜团的突破口。我们注定无法和蓄意伤害并控制他人的人共存，那种邪恶不再是什么虚无缥缈的概念——它有着确凿无疑的名号。而正是这个名字把越来越多的我们联系起来，为我们解开了之前无解的困惑。

但是鉴于总人口的15%这样庞大的数据，我们触及的幸存者可能只是九牛一毛。一定还有许多人在困惑无助中等待着答案——那些原本温柔、善良的人在误导下质疑自己最优秀的品格。只需要一句简单的话，这些迷途的梦想家也许就能重获自由，并就此改变人生的走向。从互助社区成立的第一天开始，我们的目的就是向这些梦想家伸出援手。

想到每天不知有多少像他们一样正派的好人成为心理变态的猎物，我就不由得感到沮丧和悲伤。因为我对此无能为力。诚然，我们的确为了让更多人意识到这个问题的存在而尽了最大的努力，但是绝大多数来到我们身边的人，都已经与反社会型人格、自恋狂或控制狂有过不止一星半点的交集。

而这些幸存者只是广大的人群中极小的一部分。

所以那些根本不知道自己遭遇了什么的人要怎么办？那些依旧陷在理想化与去价值化的循环中不得解脱的人怎么办？那些依旧生活在噩梦之中，不知如何治愈自己的伤痛的人怎么办？那些在遭遇过恶情人之后，却依旧年复一年地追逐着病态的情感，根本不知道自己经受过虐待的人怎么办？那些依旧徒劳地试图和心理变态讲道理，试图用同理心唤起那永远不会到来的反馈的人又要怎么办？

我希望这本书能带来一点小小的改变，但是我们眼前的问题依旧巨大。

这个世界上总共有七十亿人。而每七个人里就有一个天生注定要通过理想化和去价值化去操控和压榨其他人类。我的数学很烂，但是这个数我还是算得出来的：这个世界上大概有十亿人是B组人格障碍者。

让我们再想想这十亿人的构成，他们可能是连环约会狂人、频繁跳槽的员工、依旧逍遥法外的罪犯以及冷血无情的权力追求者。他们永远在寻找新的受害者，从一个资源跳跃到另一个资源，不带任何犹豫。我简直有理由相信，这么小的一部分人群，一定给世界招致了和他们的数量不成比例的诸多麻烦。

而这十亿人之外的我们又能做些什么呢？

如果你想知道我的答案，我认为一场战役正在拉开序幕。这不是那种炮火连天、硝烟弥漫的战争，而是捍卫人类良知的战争。在我们的历史中，人们讲述过那么多对抗恶人的故事，从岩洞里的壁画，到童话传说，再到今日人们口中传唱的流行歌曲，在我看来，它们描述的都是同一个现象：心理变态与梦想家之间的战争。

我们也曾经见证过无数由人与生俱来的肤色、取向、性别、种族等而起的斗争。但是通过人权运动家们数十年的努力，人们终于放下了愚蠢的成见，意识到那一切与人的性格和品行都毫无关联。而既然的确有数以十亿计的人在伤害着他人，我们又为什么还在对莫须有的假想敌的魔女狩猎上浪费时间呢？

我们所理解的爱、同理心以及同情心的未来在遭受着威胁。这些品质到底是强项还是弱点？人类的良知到底是进化中伟大的一步，还是它只不过是个可以被挖掘之后利用的破绽？

　　某种程度上说，我真想搬到深山里去，自此再也不用听见"心理变态"这个名词——没准早晚有一天我真的会这么做的。但是现在不行。现在的我深知自己必须面对这个挑战，这个我们的时代最重要的问题之一。这个世界上还有那么多美好而神奇的事物值得我为之奋战。

　　接下来还会发生什么，就全看我们的了。

后记

"恒定量"的再度降临

这真是一场大冒险啊，是不是？写到这里，我身上堆了三只猫，手里还端了杯热咖啡，想着为什么直到这么晚我才提起我亲爱的猫咪们。有时候它们就是我的"恒定量"，有时候我的"恒定量"是我的妈妈，有时候是在沙滩上的美好回忆，还有些时候是"恶情人退散"社区里的人们。

这么一看，好像我生命中的所有存在都可以成为"恒定量"。

但是咱们还是谈谈我的猫吧。在下雪的冬日里，我最喜欢和它们一起散步——它们挺奇怪的，有点像狗，会紧跟着我的足迹在树林里穿行。就在今天早上，我们一起散步了很长时间，我们探索树林，在林间做白日梦，我们一起发现了宇宙的一些小秘密，我们学会了成长，学会了重新相信爱情，我们在人性的善良中重新看到了希望，我们见证了光明与黑暗永恒的斗争。

就在那一刻我意识到了一件事：我就是我自己的恒定量。

我热爱独处，我热爱生活在这个神秘的世界上，我热爱这种身为庞大的宇宙中小小的一部分的感觉，我热爱对未来一无所知而因此充满期待。

但是我更热爱那些让我与这个世界上最奇妙的一些人相识的逆境。正是这种逆境让我们彼此相连，至少我是这么坚信的。就为这条把遥远的我们联系起来的友谊的纽带，我不会懊恼自己经历的不是另一种人生，永远不会。

而我们的这场冒险之旅才刚刚开始——既然我们心里的伤已经痊愈，现在该去外面的世界捣点乱、撒点野啦。我家的猫大人们已经开始这样催我了。

致谢

我不知道谁会希望自己的名字出现在一本关于心理变态的书上。但是我还是想要感谢以下这些点亮了我的心灵的人。

论坛上的各位

"爆炸猫猫"（Smitten Kitten），感谢你我之间奇妙的友谊，更感谢你从旅程之初的全程陪伴。

"佩鲁"（Peru），感谢你为"恶情人退散"提供了最初的构想，更感谢你给大家带来的欢笑。

维多利亚（Victoria），感谢你在各处都无私地奉献着自己的关怀与温暖。

"康复之旅"（HealingJourney），感谢你笔下美丽的文字和宝贵的友谊，以及你那如炬的目光！

"复古风女孩"（An Old-Fashioned girl），谢谢你总是陪我去滑冰，更感谢你那些温暖的拥抱。

爱丽丝（Iris），感谢你帮助许多家庭走出阴影。

"次日清晨"（MorningAfter），感谢你为了改变世界而做出的不懈努力。

莉迪亚（Rydia），感谢你带来的咖啡、红酒以及欢笑，更感谢你辛勤的编辑工作。

"幸运的劳拉"（LuckyLaura），感谢你的幽默有趣，和你聊一整天都不会累。

"茵迪917"(Indie917)，感谢你敏锐的直觉和天生的幽默感。

"独立的妈妈"（Indie Mom），感谢你为各处需要帮助的家庭提供资源和希望。

"走出灰烬"（OutOfTheAshes），感谢你那些我在这里不方便讲的段子。

巴贝拉贝尔（Barberable），感谢你的勇气，以及你那惊人的创造力。

"凤凰"（Phoenix），感谢你从始至终的真挚友情——和你一同经历那些挑战与胜利是我的荣幸。

"寻找阳光"（SearchingForSunshine），为了我们在夕阳下分享的美酒。

出版方的各位

我的经纪人艾曼努埃拉·摩根，感谢你对我和我的企划的信心与坚持，更感谢你为这本小书找到一个最好的归宿。我期待着在未来和你一起进行更多冒险。

我的编辑丹尼斯·希尔维斯托，感谢你让这本书充满希望，感谢你相信人性的善良，也感谢你没有删掉任何我提起我家猫的部分。

快乐的各位

妈妈，你是世界上最善良、最鼓舞人心的存在。

爸爸，感谢你坚定不移的支持，更感谢你教给我主动精神。

道格和莉迪亚，你们是最棒的兄弟姐妹，也是我最好的朋友。

我的整个家族，感谢我们的湖边小屋、家庭聚餐和美好的回忆。

坦尼亚，感谢你帮我重新找回生活的美好。

艾利克斯，感谢你教给我真爱是什么。

布莱恩，感谢你教我写作。

瑞安，感谢你我共同创作的时光。

道格、贝奇、布莱恩、乔、艾琳、艾米，感谢你们在我最低谷的时期依然不离不弃。

我家的猫大人们

努克和莫西，感谢你们为我们的生活带来那么多欢乐。

奈利，感谢你的"骄傲游行"。

小家伙，如果说我还会爱哪个心理变态，那就是你了！

资料来源参考

在你不断丰富自己的知识储备的过程中，维持信息的流动性非常重要。这正是你去大量寻找知识、书本和教学视频的好时机。你不一定要喜欢你找到的所有东西，但是重点是你得先去找，然后再从里面选出你最喜欢的资源。而现在你不妨把能找到的都尝试一下。

我们"恶情人退散"社区的目标就是为了帮助你更快、更好地恢复。在阅读本书和访问我们的网站之外，以下列举的这些资源也可能对你有所帮助。这个版块能以最快的方式让刚刚接触到心理变态的幸存者了解到这一领域有多少相关信息来源可以查询。

检索关键词

除了查询"心理变态"（psychopath）这个关键词能找到许多有用的信息，以下这些检索关键词应该也能对你有所帮助：

心理变态 Psychopath

反社会者 Sociopath

自恋者 Narcissist

自恋型人格障碍 Narcissistic Personality Disorder (NPD)

反社会型人格障碍 Anti-Social Personality Disorder (ASPD)

边缘性人格障碍 Borderline Personality Disorder (BPD)

情感虐待 Emotional Abuse

精神虐待 Psychological Abuse

心理虐待 Psychological Maltreatment

情感强奸 Emotional Rape

隐性虐待 Covert Abuse

情感操纵 Emotional Manipulator

B群人格障碍 Cluster B Personality Disorders

精神病理学 Psychopathology

情感吸血鬼 Emotional Vampire

网站

我们并不以在线社区的身份官方支持以下列举的网站和博客，但是我们相信寻求帮助的幸存者应该了解到所有可能的资料来源。以下资料是否实用还是需要各位读者自行判断。

psychopathfree.com

psychopathyawareness.wordpress.com

lovefraud.com

discardedindiemom.com

narcissismfree.com

saferelationshipsmagazine.com

alexandranouri.com

daughtersofnarcissisticmothers.com

theabilitytolove.wordpress.com

脸谱小组

脸谱小组页面可以有效地让你结识更多有相似经历的幸存者，让你的康复之旅更加丰富多彩。这里我们只列举出几个小组，但是在脸谱上你还能发现更多相似的。

After Narcissistic Abuse—There is Light, Life, and Love

Narcissistic Abuse Recovery Central

Respite from Sociopathic Behavior

Psychopath Free

The Empathy Trap Book

书籍

讨论精神病理学的书有很多，以下我们列举了我们最喜欢的几本，以及市面上最流行的相关书籍。请按照自己的具体需求进行挑选。

《危险的私通》（ *Dangerous Liaisons*, Claudia Moscovici ）

《勾引者》（ *The Seducer*, Claudia Moscovici ）

《隔壁的反社会型人格》（ *The Sociopath Next Door*, Martha Stout ）

《披着羊皮的狼》（ *In Sheep' s Clothing*, George Simon ）

《爱上心理变态的女人》（ *Women Who Love Psychopaths*, Sandra Brown ）

《如何发现危险的男性》（ *How to Spot a Dangerous Man*, Sandra Brown ）

《无良之人》（ *Without Conscience*, Robert Hare ）

《弃子》（ *Discarded*, Indie Mom ）

《幸存者的求索》(*The Survivor's Quest*, HealingJourney)

《移情陷阱》(*The Empathy Trap*, Jane McGregor and Tim McGregor)

《早餐桌旁的反社会型人格》(*The Sociopath at the Breakfast Table*, Jane McGregor and Tim McGregor)

《远离迷雾》(*Out of the FOG*, Gary Walters)

《聪明姑娘的自我关怀指南》(*The Smart Girl's Guide to Self-Care*, Shahida Arabi)

《他为什么要这么做?——深入暴躁而控制欲强烈的男性内心》(*Why Does He Do That?: Inside the Minds of Angry and Controlling Men*, Lundy Bancroft)

《穿西装的毒蛇》(*Snakes in Suits*, Paul Babiak)

《自恋狂恋人》(*Narcissistic Lovers*, Cynthia Zayn)

《奥兹国的魔法师,以及其他自恋狂》(*The Wizard of Oz and Other Narcissists*, Eleanor Payson)

《救命!我爱上了一个自恋狂》(*Help! I'm In Love with a Narcissist*, Steven Carter)

《自恋狂的动机是什么?》(*What Makes Narcissists Tick*, Kathy Krajco)

《恶性自爱》(*Malignant Self-Love*, Sam Vaknin)

《爱情欺诈》(*Love Fraud*, Donna Andersen)

文章

更多相关链接、文章以及视频请参见我们网站上的列表。如果您有什么想要补充的，也欢迎随时与我们联系：

resources.psychopathfree.com

附录

心理变态测试

心理变态总是在情感关系中展现出特定的行为模式，以下的十三道问题也许能帮助你（或者你的朋友）判断自己是不是正在和一个具有"毒型人格"的恶情人约会。

每道题选项的编号即代表该选项的分值。比如你第一题选择1，第二题选择4，那么这两道题相加你就总共得五分。在问卷末尾附有与分值对应的结果列表。如果你的数学像我一样不好，也可以在test.psychopathfree.com页面上进行在线测试，网页会自动为你计算出结果。

A. 你的伴侣是个说话算话、信守承诺的人吗？

1.当然是了，我的伴侣言必信，行必果。

2.大体上说是的，绝大多数情况下，我的伴侣都会信守承诺，他的言行也基本一致。

　　3.有时候是这样，虽然我的伴侣大体上说不是特别可靠，但是他偶尔还是会按照说的去做的。

　　4.完全不是这样，我的伴侣言行从不一致，说得很漂亮但是什么实事都不干。可是我已经不会对此发表意见了，否则他会骂我神经过敏的。

B. 你的伴侣理解你的感受吗？

　　1.非常理解，我的伴侣富有同情心和同理心。他总是能理解我的观点，如果我有些意见和看法想要表达，他也总是能做到倾听和理解。

　　2.不完全是，不过他一直是这样。从我们最开始谈恋爱的时候起，我的伴侣就不是特别会关心人，有时候也有点自私。但是只要我需要帮助，他还是会在我身边提供支持的。

　　3.我的伴侣还勉强能说挺有同理心的，我也没有特别高的要求。

　　4.曾经可以，但是现在不行了。我现在经常需要非常费劲地向我的伴侣解释，如果他处在我的位置上会有什么感受，但是他对此只会表示心烦。有时候把他惹烦了还会一直给我冷脸看，真是很受不了。

C. 你的伴侣是不是个道貌岸然、求全责备的伪君子？

1. 我的伴侣从来不是那样，也不会因为我的过错而评判我。他并不觉得自己有凌驾于基本规则之上，对他人大加评判的权利。

2. 可能吧，反正我没有注意到，而且我也无所谓，大家都是普通人嘛。

3. 有时候有点虚伪，但是如果被指出有做错的地方，我的伴侣也能承认错误。

4. 我的伴侣对我的要求特别高，但是他从来不用那套标准要求自己。

D. 你的伴侣撒谎吗？

1. 不撒谎，我的伴侣从来不骗我。

2. 和一般人一样，偶尔说说善意的谎言什么的。

3. 我的伴侣偶尔会撒谎，不过他的谎言不能说特别聪明，也没什么太大的恶意。一旦谎言被戳穿，他还是非常知道害臊的。

4. 我的伴侣经常撒谎，而且从来不肯承认自己有什么错。他给所有的事都能找到借口，哪怕有些事情根本没有辩解的必要。

E. 你的伴侣会不会刻意压制或者回避你对他的感情？

1. 不会。我的伴侣在恋爱中从来不用这种策略。如果我们之间出了问题，我们会直接通过交流来解决。我们不会刻意无视对方，各自等着另一位做点什么打破僵局。

2.不会。至少我没感觉到他在回避我。我们刚刚吵过架的话他可能会比平时沉默一点，不过最坏也就是这样了。

3.有时候会，不过我们刚交往的时候他就是这样。能和伴侣一直保持步调一致是很好，不过假如他有那么一天半天的不和我联系，我也不会觉得怎么样。

4.会，而且这让我非常困惑。我们刚刚交往的时候他对我特别殷勤，但是现在感觉他好像一直在为不能陪我、不能和我好好交流找借口。

F. 这段恋情让你感觉如何？

1.这段恋情让我感觉平静、安宁而且安全。我们的关系从一开始就很稳定。

2.这段恋情让我还挺开心的，我和我的伴侣沟通得挺好。

3.这段恋情不能说让我特别开心，但是把我的观点和意见拿出来跟我的伴侣沟通还是没有问题的。

4.我曾经是个开朗而随和的人，可是现在我只感觉内心充满妒忌、绝望以及无法满足的渴望。

G. 你担心失去这个伴侣吗?

1. 我从来不担心失去这个伴侣。我们的感情成熟而健康,我没有考虑过要和他分开的可能。

2. 不担心,我们都很享受对方的陪伴,对这段恋情的想法也基本一致。

3. 我对这段恋情不能说特别有信心,但是以现在的情况来看,我不觉得我的伴侣会离开我。

4. 我非常担心,他变得太快了。一开始他对我还充满了爱慕和赞美,结果突然有一天他就开始对我既不满意又不感兴趣了。我现在很害怕我们只要一吵架就该分手了。

H. 你相信你的伴侣吗?

1. 我完全信任我的伴侣,我可以把自己的生命托付给他。

2. 还挺相信的,因为我的伴侣从来没有做过什么让我不再信任他的事。

3. 不怎么信,谈恋爱时间长了以后他有点像变了一个人,我对他没有什么特别明确的期待了。

4. 我不敢相信我的伴侣,虽然我也说不清楚为什么,但是我总得像侦探一样试着从他的话里挖掘真相。

I. 你们谈恋爱的过程中会不会经常出现戏剧性的冲突？

1.我和我的伴侣很少吵架，因为我们都很理解对方的感受。我们不会试图让对方嫉妒，或者故意制造紧张的气氛。我们都努力维持着对彼此的信任。

2.偶尔会有，但是完全在正常范围之内，和我以前的感情差不多。

3.我和我的伴侣经常吵架，不过不会为了同一个问题来回吵。虽然我的确希望能谈一段不总是吵架的恋爱。

4.我的伴侣总是说自己最恨戏剧性的冲突，但是他自己的戏就特别多。我们还老是为了同一件事吵架。我感觉他简直是在玩命地给自己加戏，然后还责备我居然做出了反馈。

J. 你的伴侣容易感到无聊吗？

1.我的伴侣从不感觉无聊，他也很喜欢独处思考。

2.日常琐事会让我的伴侣感觉有点无聊，不过人不都是这样吗？

3.我的伴侣还挺容易感觉无聊的，不过让他自己打发时间也没问题。

4.我的伴侣经常感觉无聊，而且一感觉无聊他就会试图把别人的注意力都吸引到自己身上。

K. 你的伴侣和他的前任关系怎么样？

1.我的伴侣从不在我面前提起前任，我们也从来不讨论这件事。

2.他们关系还行，不过也不怎么联系，所以这在我们的感情里也没构成什么问题。

3.我的伴侣和前任是朋友，我有时候有点不爽，不过他们一直就是朋友而已，我也不好有什么意见。

4.我的伴侣总是说自己的"神经病前任"嫉妒我们，但是我在他的保护之下不需要担心。可是我不知道为什么总是觉得他们应该还在联系，我觉得自己总得和别人争夺我的伴侣的注意力。

L. 你们的恋情在最开始的时候是什么样的?

1.我们是朋友，一开始进展并不是很快。我们只是在一起玩得很开心，相处的时候也总是充满了欢笑。我的家人和朋友们也很喜欢他。

2.和绝大多数情侣差不多吧，我们认识了以后发现共同点挺多，然后就这么在一起了。虽然从那时候开始就不是特别有激情，但是我们的确是彼此喜欢的。我们就是没有过特别腻歪的蜜月期而已。

3.一开始没什么特别的，我们约了几次会之后，我也留意到了对方的一些小缺点（比如对服务员特别蛮横之类的）。不过大体上还说得过去，而且我们相处的时间越长感觉越舒服。

4.最开始这段恋情简直占据了我生活的全部，我的前任们从来没有对我这么上心过。他和我之间有着太多的共同点了，感觉就好像是天造地设的一对。他总是给我发短信，我身上的每个特点他都喜欢。

M. 你的伴侣对你怎么样?

1.我的伴侣愿意倾听我的想法、理解我的感受，我感觉自己在这段恋情中得到了应得的尊重。如果我有什么意见，我的伴侣会很愿意倾听，并为了我们的恋情而改进自己的行为。

2.就是普通恋人应该有的样子。我们在一起玩得挺好，我们都很享受彼此的陪伴，我们互相把对方视作身心健全的成年人。

3.我的伴侣对我不能说特别好，但是我们一开始就这样。我也不是特别需要很多的关注或者多愁善感的善意之类的，所以还说得过去。

4.我已经说不清楚了。有时候他对我特别好，就像我们刚开始谈恋爱那会儿一样，但是更多时候他对我颐指气使，还特别挑剔，甚至会直接无视我。搞得我总是紧绷着神经，担心被他的什么行为伤到。

测试结果

13—20分:你遇到了一个很棒的伴侣

恭喜你! 你的伴侣看上去完全是心理变态的反面。他一定是一个富有同理心、温暖而贴心的人。他的意图一定是真诚的，也会贯彻落实在行动之中。祝你的恋情美满幸福！

21—30：他不是心理变态

恭喜你！你的伴侣并不是一个心理变态。你们的关系可能有高峰有低谷，就像所有平凡的恋情一样。只要你还对这段恋情感到开心并且满意，这些波动就依然在正常范围之内。

31—41：他有可能是个心理变态

你要多加小心了，因为这个人身上的有些信号挺危险。他并不一定是个心理变态，但底线是你至少应该和一个能让你快乐的人恋爱：一个富有同情心和同理心的、和善的人。这个人拥有这些品质吗？

42—52：他绝对是个心理变态

小心！这个人符合心理变态的绝大多数特征。你和他在一起的时候是不是总会感到很紧张？你的情绪是不是已经从最初的欢欣、愉快变成了焦虑、狂乱？那个人有没有把你和其他前任或者继任一起组成三角关系？你是不是总得哭泣和道歉？你是不是觉得这段恋情彻底剥夺了你的自我意识？健康、正常并且充满了爱情的伴侣关系不会让你对自己感觉不好，但是和心理变态在一起的话，他的情感虐待从你们确定关系那一刻就开始了。

"三十面示警红旗"认同程度调查

自从我们把最初版本的"三十面示警红旗"在网络上发布以来，它已经被转载分享了成百上千次。随着它被越来越多的人知道，我认为很有必要确保这些示警信号对每一个幸存者来说都是准确的——而不是单纯把句子里每一个"我"换成"你"。

所以我发布了一个匿名调查，其中用数字1至5来表示幸存者对每一条示警信号的认同程度，即从"非常不同意"到"非常同意"分为五档，此外还附有一个可以随意填写感想的空白区，受访者可以在这里对我可能遗漏的内容做补充。我最初的预判是，大概只会有十几个人愿意花时间填写这份问卷，所以你可以想象当我收到成千份反馈时有多么惊喜。

令我尤为震惊的是，所有示警红旗都得到了以"非常同意"为主的反馈。不过其中几条的得分比其他的稍微低一些，这让我决定对这几条重新进行审视，并且为了当时尚在准备中的本书而做出调整。这本书中列举的升级版示警红旗就是在综合了上千位幸存者的反馈之后改进而成的。但是和我所有的作品一样，它们依旧有再加工的余地，所以我也在此邀请本书的读者们把批评与建议向survey. psychopathfree.com反馈。

调查结果

以下表格显示由数字体现的平均认同度，"非常同意"=5，"非常不同意"=1。

表格底部 X 横轴："无观点/不同意也不反对"=3（因为没有一条示警红旗内容的得分低于3.5，即无观点，倾向于同意），所有示警红旗条目的得分都主要由"非常同意"构成。

整体的意见分布：

"非常同意"：59%，"同意"：22%，"无观点"：11%，"不同意"：5%，"非常不同意"：1%。

汇总自受访者反馈的其他常见现象：

侵犯我的边界与底线

即使错的是他，我还是不得不主动乞求对方的原谅

像变色龙一样多变，在各种场合左右逢源

总是制造戏剧性的冲突

隐蔽而精细的情感虐待

以我的低谷状态取乐

我总是不得不向他乞求

对我的伤痛表现得极为冷漠

让我的生活变得令人困惑、混乱不堪

那个人的童年像个谜

他遭受过父亲的漠视

有恋母情结

酗酒或有其他成瘾现象

情感关系终结得猝不及防

会在背后讲我的闲话

会通过神经语言规划或催眠来操纵他人

和每个人都调情/试图建立三角关系

他占据了我生活的全部，并且忽视我的需求和感受

刻意激起他人的怜惜与同情

无意义的言语乱炖和争论

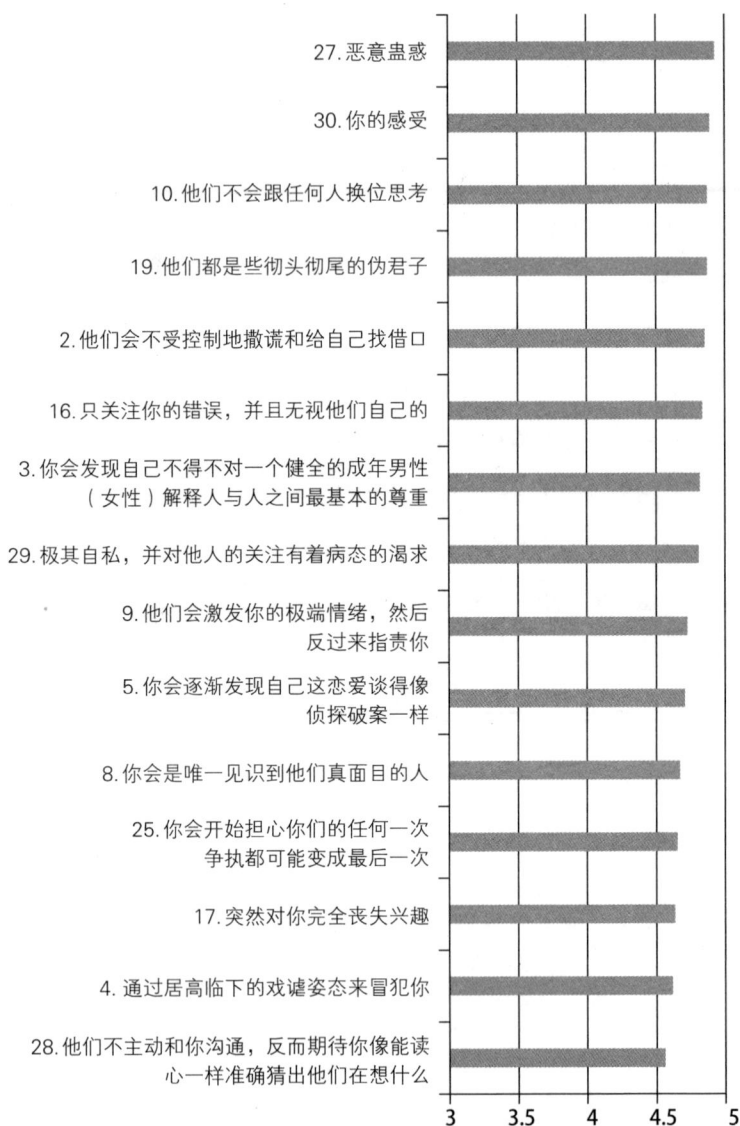

| | 3 | 3.5 | 4 | 4.5 | 5 |

27.恶意蛊惑

30.你的感受

10.他们不会跟任何人换位思考

19.他们都是些彻头彻尾的伪君子

2.他们会不受控制地撒谎和给自己找借口

16.只关注你的错误，并且无视他们自己的

3.你会发现自己不得不对一个健全的成年男性
（女性）解释人与人之间最基本的尊重

29.极其自私，并对他人的关注有着病态的渴求

9.他们会激发你的极端情绪，然后
反过来指责你

5.你会逐渐发现自己这恋爱谈得像
侦探破案一样

8.你会是唯一一见识到他们真面目的人

25.你会开始担心你们的任何一次
争执都可能变成最后一次

17.突然对你完全丧失兴趣

4.通过居高临下的戏谑姿态来冒犯你

28.他们不主动和你沟通，反而期待你像能读
心一样准确猜出他们在想什么

3　　3.5　　4　　4.5　　5

图书在版编目（CIP）数据

如何不喜欢一个人 /（美）杰克森·麦肯锡著；高娃译. — 北京：北京联合出版公司，2017.4（2023.6重印）

ISBN 978-7-5502-9674-9

Ⅰ.①如… Ⅱ.①杰… ②高… Ⅲ.①心理学 – 通俗读物 Ⅳ.①B84-49

中国版本图书馆 CIP 数据核字（2017）第 018357 号

PSYCHOPATH FREE by Jackson MacKenzie
Copyright 2015 by Jackson MacKenzie
Published in arrangement with The Fielding Agency, LLC through The Grayhawk Agency.

如何不喜欢一个人

作　　者：杰克森·麦肯锡（美）	译　　者：高　娃
出 品 人：赵红仕	出版监制：辛海峰　陈　江
责任编辑：喻　静	产品经理：毕　帅
特约编辑：陈　曦	版权支持：张　婧

北京联合出版公司出版
（北京市西城区德外大街83号楼9层　100088）
北京联合天畅文化传播公司发行
天津光之彩印刷有限公司印刷　新华书店经销
字数 192 千字　880 毫米 × 1230 毫米　1/32　10.5 印张
2017 年 4 月第 1 版　2023 年 6 月第 20 次印刷
ISBN 978-7-5502-9674-9
定价：58.00 元

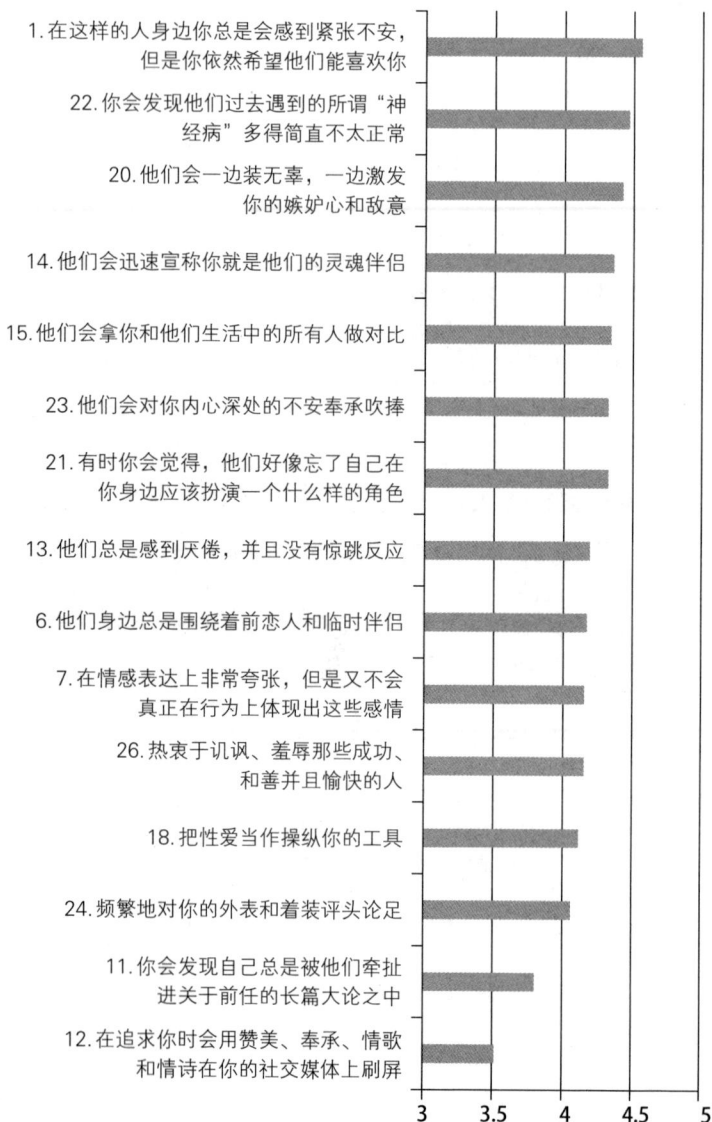